高等职业教育航空类专业系列教材
中国特色高水平高职学校建设成果
首批国家级职业教育教师教学创新团队成果

# 波音飞机维修手册查询

## BOEING AIRCRAFT MAINTENANCE MANUAL INQUIRY

主　编　陈　星　段斐翡　杨　超
副主编　李　艳　宋　敏　张启元

西安交通大学出版社
XI'AN JIAOTONG UNIVERSITY PRESS

## 内容简介

本书是一本讲解波音飞机常用维修手册查询方法的教材。本教材根据飞行器维修技术专业人才培养方案编写,共分为九个模块,系统讲解了飞机维修手册(AMM)、零部件图解目录(IPC)、线路图解手册(WDM)、系统简图手册(SSM)、故障隔离手册(FIM)的结构内容及查询方法,同时,在每个模块后配备了相应的工卡供学生练习使用。本书可作为高等职业院校飞机机电设备维修、飞机电子设备维修、飞行器维修、维修技术等专业的基础教材。除此以外,本书还可以作为"145单位""147学校"等的基础培训教材。

**图书在版编目(CIP)数据**

波音飞机维修手册查询 / 陈星,段斐翡,杨超主编. —西安:西安交通大学出版社,2021.12(2025.6 重印)
ISBN 978-7-5693-2468-6

Ⅰ. ①波… Ⅱ. ①陈…②段…③杨… Ⅲ. ①旅客机-维修 Ⅳ. ①V267

中国版本图书馆 CIP 数据核字(2021)第 266232 号

| | |
|---|---|
| 书　　名 | 波音飞机维修手册查询<br>Boyin Feiji Weixiu Shouce Chaxun |
| 主　　编 | 陈　星　段斐翡　杨　超 |
| 策划编辑 | 曹　昳 |
| 责任编辑 | 杨　璠　张明玥 |
| 责任校对 | 柳　晨 |
| 封面设计 | 任加盟 |
| 出版发行 | 西安交通大学出版社<br>(西安市兴庆南路1号　邮政编码 710048) |
| 网　　址 | http://www.xjtupress.com |
| 电　　话 | (029)82668357　82667874(市场营销中心)<br>(029)82668315(总编办) |
| 传　　真 | (029)82668280 |
| 印　　刷 | 陕西印科印务有限公司 |
| 开　　本 | 787 mm×1092 mm　1/16　印张 12.875　字数 263 千字 |
| 版次印次 | 2021 年 12 月第 1 版　2025 年 6 月第 5 次印刷 |
| 书　　号 | ISBN 978-7-5693-2468-6 |
| 定　　价 | 44.00 元 |

如发现印装质量问题,请与本社市场营销中心联系。
订购热线:(029)82665248　(029)82667874
投稿热线:(029)82668804
读者信箱:phoe@qq.com

**版权所有　侵权必究**

# 前言

本书是根据西安航空职业技术学院飞行器维修技术专业的"航空维修手册查询"课程标准编写的。

飞机维修手册是飞机制造商向飞机运营商或飞机修理厂商提供维修飞机时所需要的技术资料,它是保持和迅速恢复飞机的完好状态以使飞机保持适航状态的重要技术资料。飞机维修手册也是飞机使用和维修人员进行维护保障工作最基本的依据和标准,对飞行安全来说至关重要。学会查询和使用常用的飞机维修手册是飞机维修人员必备的基本技能之一。本书遵循职业教育规律,以波音飞机维修资料作为教学内容,共分为9个模块,详细介绍了航线维修人员在维护飞机时常用的维修手册的内容和使用方法,通过对工卡的练习,结合学习和实践,使学生充分了解不同手册的功能,并掌握查询上述手册的基本技能。

本书由西安航空职业技术学院和张家界航空工业职业技术学院的教师、东方航空技术有限公司和厦门航空有限公司的工程师共同编写。本书是校企合作的成果,也是西安航空职业技术学院双高建设需要完成的任务之一。参与本书编写的人员有:西安航空职业技术学院的陈星(前言、模块3和模块7);东方航空技术有限公司西北分公司的段斐翡(模块8);西安航空职业技术学院的李艳(模块1和模块2);西安航空职业技术学院的杨超(模块4);西安航空职业技术学院的宋敏(模块5和模块6);张家界航空工业职业技术学院的张启元(模块3和模块4的工卡)。全书由陈星统稿,由陈星、段斐翡和杨超主编。

本书的电子资源可以从国家级教学资源库"飞行器维修技术教学资源库"(zyk.cavtc.cn)中的"飞机维修文件及手册查询"课程内免费观看和下载。

本书由东方航空技术有限公司江苏分公司结构工程师曹宏庆主审,在审稿过程中,他为本书的编写提出了许多改进意见,在此表示衷心感谢。此外,本书的部分资料来自厦门航空有限公司,在此表示感谢。

本书的工卡中所提到的维修内容及故障均为模拟假设的,仅供查询练习使用,与飞机的真实状况无关。

限于作者的知识水平和经验,书中难免存在不足之处,欢迎各位专家和读者指出,以便再版时加以纠正。对本书的意见和建议请发至:chen91263@163.com。

编　者

2021 年 9 月

# 目录

**模块1　飞机维修手册及维修文件概述** ……………………………………… 1

1.1　飞机维修手册及维修文件介绍 ……………………………………… 1
  1.1.1　外场航线手册 ……………………………………………… 1
  1.1.2　结构无损手册 ……………………………………………… 3
  1.1.3　定检时控手册 ……………………………………………… 3
  1.1.4　深度维修手册 ……………………………………………… 4
1.2　飞机维修手册之间的关系 …………………………………………… 4
1.3　飞机维修手册的有效性及飞机编号 ………………………………… 6
  1.3.1　飞机维修手册的有效性 …………………………………… 6
  1.3.2　飞机的编号 ………………………………………………… 8

**模块2　ATA 100 规范和 ATA 2200 规范** ……………………………………… 14

2.1　ATA 100 规范 ………………………………………………………… 14
  2.1.1　ATA 100 规范的概述和作用 ……………………………… 14
  2.1.2　ATA 100 规范的编码原则 ………………………………… 14
  2.1.3　ATA 100 规范的章节划分 ………………………………… 15
2.2　ATA 2200 规范 ……………………………………………………… 24

**模块3　飞机维护手册（AMM）的使用** …………………………………… 26

3.1　AMM 手册的章节与章节号 ………………………………………… 26
3.2　飞机维护手册的结构 ………………………………………………… 29
  3.2.1　前言章节介绍 ……………………………………………… 29

1

  3.2.2 飞机维护手册系统章节内容介绍 ……………………………… 39

 3.3 飞机维护手册的有效性控制 …………………………………………… 45

 3.4 飞机维护手册的查询方法 ……………………………………………… 47

  3.4.1 已知关键词的查询方法 …………………………………………… 47

  3.4.2 已知飞机维护工作的支持系统任务代码查询方法 …………… 48

 AMM 查询工卡 ……………………………………………………………… 51

## 模块4　图解零部件目录（IPC）的使用 …………………………………… 64

 4.1 图解零部件目录的结构 ………………………………………………… 64

 4.2 图解零部件目录前言的介绍 …………………………………………… 65

  4.2.1 飞机适用性交叉参考 ……………………………………………… 66

  4.2.2 主要工程图纸号索引 ……………………………………………… 66

  4.2.3 油滤维护工作包清单 ……………………………………………… 67

  4.2.4 供应商索引 ………………………………………………………… 67

  4.2.5 服务通告与改装清单 ……………………………………………… 67

  4.2.6 规范号交叉索引 …………………………………………………… 68

  4.2.7 件号交叉索引 ……………………………………………………… 69

 4.3 图解零部件目录章节内容的介绍 ……………………………………… 69

  4.3.1 详细零件清单的件号缩进系统 …………………………………… 69

  4.3.2 详细零件清单的结构和说明 ……………………………………… 70

 4.4 图解零部件目录的查询方法 …………………………………………… 80

  4.4.1 已知件号的查询方法 ……………………………………………… 80

  4.4.2 未知件号的查询方法 ……………………………………………… 86

 IPC 查询工卡 ……………………………………………………………… 93

## 模块5　线路图解手册（WDM）的使用 …………………………………… 111

 5.1 线路图解手册的结构 …………………………………………………… 111

 5.2 线路图解手册中前言(Front Matter) …………………………………… 111

 5.3 线路图解手册中 00 章(Chapter 00) …………………………………… 113

  5.4 线路图解手册中系统线路图(Wiring Diagrams) ························· 116
    5.4.1 系统线路图的编号规则 ······································· 116
    5.4.2 系统线路图的组成 ··········································· 118
  5.5 线路图解手册中 91 章(Chapter 91) ································· 122
    5.5.1 图表 ······················································· 122
    5.5.2 清单 ······················································· 124
  5.6 线路图解手册中的手册查询方法介绍 ································· 131
    5.6.1 直接查找法 ················································· 131
    5.6.2 利用各种清单查找法 ········································· 132
  WDM 查询工卡 ······················································· 133

## 模块6 系统简图手册（SSM）的使用 ··································· 141

  6.1 系统简图手册的结构 ··············································· 141
  6.2 系统简图手册中前言(Front Matter) ································· 142
  6.3 系统简图手册中 00 章(Chapter 00) ································· 143
  6.4 系统简图手册介绍 ················································· 145
    6.4.1 方框图的介绍 ··············································· 145
    6.4.2 简化简图的介绍 ············································· 146
    6.4.3 简图的介绍 ················································· 147
  6.5 系统简图手册与线路图解手册的关系 ································· 148
  6.6 系统简图手册中手册查询方法介绍 ··································· 148
    6.6.1 直接查找法 ················································· 148
    6.6.2 利用各种清单查找法 ········································· 149
  SSM 查询工卡 ······················································· 151

## 模块7 故障隔离手册（FIM） ······································· 155

  7.1 故障类型 ························································· 155
  7.2 故障隔离手册的结构 ··············································· 156
  7.3 故障隔离手册前言的介绍 ··········································· 157

7.3.1 可观察故障清单 …… 157
  7.3.2 客舱故障清单 …… 158
  7.3.3 客舱故障代码索引表 …… 159
 7.4 故障隔离手册章节内容的介绍 …… 159
  7.4.1 故障隔离手册的使用方法 …… 159
  7.4.2 故障代码索引表 …… 160
  7.4.3 维护信息索引表 …… 161
  7.4.4 故障隔离程序介绍 …… 163
 7.5 故障隔离手册的查询方法 …… 168
  7.5.1 已知故障代码查找故障隔离程序 …… 168
  7.5.2 根据可观察故障查询方法 …… 169
  7.5.3 根据维护信息查询方法 …… 170

模块 8 手册综合查询工卡 …… 171

# 模块 1  飞机维修手册及维修文件概述

## 1.1 飞机维修手册及维修文件介绍

飞机维修手册是飞机制造商向飞机运营商或飞机修理厂商提供维修飞机时所使用的技术资料,它是保持和迅速恢复飞机的完好状态以使飞机保持适航状态的重要技术资料。中国民用航空规章《维修与改装一般规则(CCAR-43)》中明确要求维修人员在对航空器或航空器部件进行维修或者改装时,应当"使用航空器制造厂的现行有效的维修手册或持续适航文件中的方法、技术要求或实施准则"完成相关维修工作。另外,在中国民用航空规章《大型飞机公共航空运输承运人运行合格审定规章(CCAR-121FS-R2)》中要求"飞机的初始维修方案(MS)应当以局方批准或者认可的维修审查委员会报告(MRBR),以及型号合格证持有人的维修计划文件(MPD)或者维修手册中制造商建议的维修方案为基础"。因此,为保障飞机飞行安全,飞机维修工程技术人员必须严格按照飞机维修手册和工卡进行工作。常用飞机维修手册根据工作性质不同可分为四大类,分别是外场航线手册、结构无损手册、定检时控手册和深度维修手册。

### 1.1.1 外场航线手册

外场航线手册是指飞机维修技术人员在飞机外场航线维修时使用的手册,常用的外场航线手册有飞机维护手册(AMM)、图解零部件目录(IPC)、系统图解手册(SSM)、线路图手册(WDM)、标准线路施工手册(SWPM)、自检手册(BITE)、故障隔离手册和排故手册(FIM&TSM)、故障报告手册(FRM)和工具设备图解清单(ITEL)等。

**1. 飞机维护手册**(AMM,Airplane/Aircraft Maintenance Manual)

飞机维护手册是由飞机和发动机制造厂所提供的维护手册,飞机维护手册是用来满足外场人员维护安装在飞机上的系统、组件、结构的资料,而不是翻修和部件维护人员使用的资料,其内容包括维护安装在飞机中的全部系统和功能部件的勤务、功能检查、调整和测试、维修或更换所需的信息。

**2. 图解零部件目录**(IPC,Illustrated Parts Catalog)

图解目录手册是由飞机制造商专为飞机运营商编写、发布和修改的手册,提供飞机上的所有零部件的件号,用于航线维护人员对飞机上的标准件的识别、确认、更换和查找,用于航材部门的订货、存储和发料；在维护工作中配合飞机维护手册使用。

### 3. 系统图解手册（SSM, System Schematics Manual）

系统图解手册由飞机制造商提供，用以表示所有飞机系统的原理图示，以便理解系统原理和排除飞机系统故障。系统图解手册中的图示展示了飞机机载系统的配置、系统功能、电路的操作，以及组件的辨识和位置，并且体现了机载电气、电子、液压系统与给定系统之间的逻辑关系。

### 4. 线路图手册（WDM, Wiring Diagram Manual）

线路图手册由飞机制造商提供，列举所有安装在飞机上的电气设备及其装配线路，飞机各个系统连接线路的走向及排布。用于定位电气设备及线路的维护和排故。手册中对于所有的电气设备进行了编号，即：电器设备号（Wiring Diagram Equipment Number），也对所有导线和电缆编制了导线清单（Wire List），以及其他一些清单。

### 5. 标准线路施工手册（SWPM, Standard Wiring Practices Manual）

标准线路施工手册由飞机制造商提供，描述了对飞机上的导线，电气部件修理时必须遵守的方法和需使用的工具及材料。一般作为线路图手册的标准施工部分，是线路维护必需的维护方法。

注：在老式飞机编写的手册中，标准线路施工手册的内容作为线路图手册中的一个章节，是第二十章。现在，把标准线路施工的内容单独编写一本手册。鉴于此，标准线路施工手册俗称"二十章"。标准线路施工手册常与线路图手册结合使用。

### 6. 自检手册（BITE, Built-In Test Equipment Manual）

自检手册由飞机制造商提供，该手册为有自检设备的航线可更换件 LRU（Line Replaceable Unit）提供飞机运行程序和故障隔离程序，以提高飞机在运行过程中的维修效率。

### 7. 故障隔离手册和排故手册（FIM&TSM, Fault Isolation Manual&Trouble Shooting Manual）

故障隔离手册和排故手册由飞机制造商提供，用于故障的隔离和排除的维修出版物。手册针对不同系统的故障代码，提供了推荐的故障隔离和排除程序，在没有故障代码的条件下，也提供了相应的故障处理方法，以及排故思路。

### 8. 故障报告手册（FRM, Fault Report Manual）

故障报告手册由飞机制造商提供，用于故障的报告和排除的维修出版物。手册根据不同的故障表现，提供了相应故障代码以便维护人员进行排故。

### 9. 工具设备图解清单（ITEL, Illustrated Tool and Equipment List）

提供在航线和车间使用的特殊、专用工具设备的描述图表和使用图示，经飞机制造厂家认可的地面辅助设备供应商。

### 1.1.2 结构无损手册

结构无损手册是指飞机维修技术人员进行飞机结构修理、无损探伤和腐蚀防护工作时使用的手册。主要包括结构修理手册(SRM)、无损探伤手册(NDM)和腐蚀防护手册(CPM)。

**1. 结构修理手册（SRM，Structure Repair Manual）**

结构修理手册由飞机制造商提供,该手册包括飞机制造商给出的主要结构和次要结构的详细资料和特殊说明,典型的蒙皮、框架、桁条也在此手册中。它还包括材料的紧固件的代用品及特殊修理技术。

**2. 无损探伤手册（NDTM，Non-Destructive Test Manual）**

无损探伤手册由飞机制造商提供,该手册提供对飞机初级和次级结构的无损探伤特定说明和数据,包括无损探伤的方法,探伤的部位和准备,以及 X 射线、磁力、涡流、超声波、渗透剂等探伤方法的实施。无损探伤实施一般由专业无损探伤人员完成。

**3. 腐蚀防护手册（CPM，Corrosion Prevention Manual）**

腐蚀防护手册由飞机制造商提供,该手册提供维护人员一般结构的腐蚀产物和原因,使用相应的防腐措施和腐蚀发生后提供的相应处理方法等。

### 1.1.3 定检时控手册

**1. 维修计划数据（MPD，Maintenance Planning Data）**

维修计划数据是由制造厂商提供给运营单位的客户化的定时维修计划数据,数据涵盖了制造商提供的推荐定时维修任务的时间限制和各组件的使用时间限制,用于指导飞机运营单位执行 FAR 许可的可持续适航指令,帮助飞机运营单位制订定时维修计划。临时性的维修要求由服务信函(SL)、服务通告(SB)和适航指令(AD)送达飞机营运商。

**2. 工卡(Task Cards)**

工卡是机务工作者进行飞机维修工作的依据,是由飞机运营商的工程师根据具体的经适航当局批准的维修方案(MS)和相关技术文件编制的。工卡规定了机务工作者的具体维修工作的内容、步骤、技术要求和工时等。为了确保飞机满足适航要求,机务工作者应完全遵循工卡规定的内容进行作业。

根据使用情况不同,通常将工卡分为例行工卡(RC,Routine Card)和非例行工卡(NRC,Non-Routine Card)。例行工卡是指针对计划维修工作制订的工卡,如定检工卡、航线工卡、时控件工卡等。非例行工卡是指针对非计划维修工作制订的工卡,如特检工卡、重要部件拆装工卡等。

**3. 维修计划（MP, Maintenance Planning）**

各航空公司和维修单位依据维修计划数据的适航要求，制订本公司飞机的定时性维修（一般称为定检）和时控件翻修的计划。维修计划一般依据飞行小时数（Flight Hour Limits）和循环数（Cycle Limits），也有少部分依照日历时间（Calendar Time Limit）制订发动机的定时维修计划。

### 1.1.4　深度维修手册

**1. 翻修手册（OHM, Overhaul Manual）**

飞机制造商的翻修手册既包括对从飞机上拆下零件的正常工作的简要资料和详细的分段工作说明，也包括外场工程技术人员不熟悉的部分，例如：对飞机更换零件的检测、排故，校核机械公差等。简单的和价格不贵的项目，如开关和继电器，进行翻修是不经济的，所以不包括在翻修手册之中。

**2. 部件维修手册（CMM, Component Maintenance Manual）或厂商部件维修手册（VM, Vendor Manual）**

部件维修手册是由飞机制造商提供的；厂商部件维修手册是由飞机制造商之外的供货商提供的，这些供货商给飞机制造商或飞机运营商提供飞机的电子组件、计算机或飞机上装备的其他组件；部件维修手册和厂商部件维修手册的内容是类似的，是对于供货商在飞机上提供的部件给出的详细的检测、排污、校验、机械公差等技术文件，它们与翻修手册配合使用，是维修车间对飞机各种部件进行翻修的技术参考。

## 1.2　飞机维修手册之间的关系

飞机维修人员的主要职责是确保所维修的飞机满足局方规定的适航要求，其维修工作分为例行维修工作（计划维修工作）和非例行维修工作（非计划维修工作）。

例行维修工作是指按照一定的计划对航空器进行维修工作，它包括航线例行维修工作和非航线例行维修工作。航线例行维修工作是指飞机航前、过站、航后例行检查、勤务的维修工作，飞机维修人员执行航前例行维修工作的依据文件是航空公司工程部技术人员根据该架飞机制造商提供的维护计划和飞机维护手册编写维修项目工作单（工卡）。非航线例行维修工作是指飞机日检、7天维护、14天维护、月检、A检、B检和C检等维护工作。例如，如果维护技术人员需要对某公司的某架飞机进行计划航前维护，首先航空公司工程部技术人员根据该架飞机制造商提供的维护计划数据、维护计划和飞机维护手册编写维修项目工作单，飞机维修人员再依据工卡对该架飞机进行航前维护并进行翔实记录。如图1-1所示为非计划维护工作流程图。

维护计划数据（MPD）→ 维护计划（MP）→ 飞机维护手册（AMM）→ 编写工卡（TC）

图1-1　非计划维护工作流程图

非例行维修工作是指没有任何规律，实时对航空器进行的维修工作。非例行维修工作主要来源于机组人员反映的飞机故障/缺陷、维修人员工作中检查发现的故障/缺陷、工程指令和维修工作指令等。工程指令是用于对飞机发动机或零部件实施专门检查、改装、更换，以及修理等，由客户工程部门编写下发的非例行维修工作的指令；维修工作指令是指为排除飞机故障或保证飞机及其设备的安全性、可靠性、经济性及旅客舒适性而制订，用于对飞机发动机或零部件实施检查、更换及修理，由客户方、工程部门和维修管理部工程师编写及客户方认可下发的非例行维修工作的指令，用于指导维修人员对飞机发动机和零部件实施维修工作时的工作依据文件。

飞机维修人员执行所有维修工作的依据文件是各种飞机维修手册和工卡，这些维修手册之间的关系如图1-2所示。

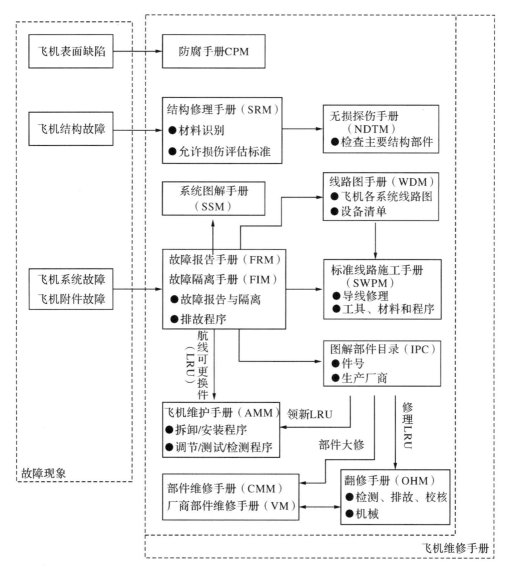

图1-2 飞机维修手册之间的关系

当维护技术人员发现飞机结构表面有缺陷或损伤时，则按照防腐手册对飞机结构表面进行适当的防腐处理。

当维护技术人员发现飞机的主要和次要结构出现了不同程度的损伤时，则按照结构修理手册先对结构损伤程度进行评估，然后领取材料进行不同种类的修理工作，如有需要应先按照无损探伤手册对损伤结构先进行检查评估，再进行修理工作。

当驾驶员反映飞机某个系统故障时，维护技术人员根据故障信息在故障报告手册/故障隔离手册中找到故障隔离程序，根据故障隔离程序进行排故工作。在排故过程中，按照飞机维护手册对故障件进行拆卸/安装；在系统图解手册中可查找该系统的系统简图；在线路图解手册中可查找到该系统的线路图、设备、导线等信息；在图解部件目录手册中可查找该部件章节、位置、图上标号、件号、供应商等信息。

当维护技术人员在进行维护勤务或飞机在地面发现的一些问题时，维护技术人员根据发现的问题在故障隔离手册找到故障隔离程序，根据故障隔离程序进行排故工作。排故过程中，在飞机维护手册中可查找故障件的拆卸/安装程序；在系统图解手册中可查找该系统的系统简图；在线路图解手册中可查找该系统的线路图、设备、导线等信息；在图解部件目录手册中可查找该部件章节、位置、图上标号、件号、供应商等信息。

当飞机附件出现故障时，将更换下来的故障组件送到大修车间进行大修，如果是波音公司设计和生产的组件，按照波音部件大修维护手册进行修理，如果是其他附件厂商生产的组件，按照供应商部件大修维护手册进行修理，修理发动机或APU上安装的组件与修理飞机组件相同。

## 1.3 飞机维修手册的有效性及飞机编号

### 1.3.1 飞机维修手册的有效性

有效性是被用来定义区别同类产品的不同内部组织结构的一种产品属性定义，通过有效性的组合达到组合多种产品结构的目的。有效性根据运用的对象和范围，主要分为选型有效性、可选项有效性、架次有效性、版本有效性和其他有效性等。

飞机维修手册文件都有其有效性问题，什么是飞机维修手册的有效性？飞机维修手册的有效性就是该飞机维修手册的适用性，即该维修文件是针对哪种机型制订的，归纳起来飞机维修手册对应飞机的有效性问题可以体现在文件的客户化、飞机型别号码、型别特征和时效有效性等四个方面。

**1. 文件的客户化**

由于民航客机生产周期长，各阶段改型/改装频繁，造成同一机型不同时期、不同生产批次之间存在着构型差异。一个运营商购买的同一种机型，同一批次的飞机构成一个机队。飞机维修手册文件按照其适用范围不同,可划分为客户化文件和非客户化文件。客户化文件是指针对某个特定机队有效的维修文件,具有针对性,常见的客户化文件有飞机维护手册、故障隔离手册、图解零部件目录、系统图解手册和线路图手册等;非客户化文件是指针对同一机型的所有飞机,而不是一个机队编写的文件,具有通用性,常见的非客户化文件有结构修理手册、无损探伤手册、腐蚀防护手册、线路标准施工手册和返修手册等。

2. 飞机型别号码

为了清晰标识飞机维修手册文件所适用的飞机,即飞机维修手册文件的适用性,每一种手册的前言部分都会记录该手册所能适用的一个机队所有飞机的各种号码,如注册号、序列号等型别特征,如图 1-3 所示,在波音 737-600/700/800/900AMM 手册前言,飞机有效性清单(Effective Aircraft)中标识飞机有效性,注册号 B-2991 的波音飞机,其机型是 737-75C,该飞机运营商是 XIA(厦门航空公司),该飞机的有效性代码(Effectivity Code)是 003,该飞机的批次号码(Block Number)是 YA703 等,其中飞机有效性代码和飞机的批次号码就是飞机型别号码。

737-600/700/800/900
AIRCRAFT MAINTENANCE MANUAL

This manual is applicable to the aircraft in this list:

| Model-Series | Operator | | Manufacturer | | | Registration Number |
| --- | --- | --- | --- | --- | --- | --- |
| | Identification Code | Effectivity Code | Block Number | Serial Number | Line Number | |
| 737-75C | XIA | 001 | YA701 | 29042 | 73 | B-2998 |
| 737-75C | XIA | 002 | YA702 | 29084 | 86 | B-2999 |
| 737-75C | XIA | 003 | YA703 | 29085 | 90 | B-2991 |
| 737-75C | XIA | 004 | YA704 | 29086 | 108 | B-2992 |
| 737-75C | XIA | 005 | YA705 | 30512 | 637 | B-2658 |
| 737-75C | XIA | 006 | | | | |

图 1-3 波音 737-600/700/800/900AMM 手册飞机有效性清单

3. 型别特征

型别特征是用于记录飞机因选用不同厂商提供的设备而产生的有效性问题,例如波音 737-300/400/500 飞机可以使用不同厂家的几种机型辅助动力装置,虽然发动机都为 CFM56-3 涡扇发动机,但有多个亚型。

4. 时效有效性

时效有效性是指文件随时间更迭而产生的有效性问题,例如航空器各种维修技术手册是由航空器制造厂商提供的,厂家的定期改版和临时改版就是让航空器与各种手册处于完全吻合的状态,波音系列飞机维修手册的一般性改版在每年的三月、七月和十一月的十五日定期进行,厂家的定期改版和临时改版导致手册存在有效性问题。

飞机维修手册的有效性需要定期核对,一般可以通过制造商网站上手册的版次进行在线核对,或者通过制造商的出版物索引核对,并且要保存好核对记录以便备查;如发现手册失效则要及时从制造商处索要到最新版手册,同时也要定期检查是否有临时修订,临时修订是完整手册的一部分。

### 1.3.2 飞机的编号

一架飞机从设计、生产、试飞到运行的全生命周期中,每一个过程都会有代表该过程的编号,用以对机型进行识别,同时也用来确定各类手册、服务通告、适航指令等的有效性问题,例如客户化文件的飞机有效清单中有飞机的各种编号,下面以波音飞机为例,介绍几种飞机的编号。

**1. 飞机型号(MN,Model Number)**

飞机型号,简称机型,飞机制造商生产的飞机有不同的机型,如美国波音飞机公司生产的飞机型号有 B737-200/300/400/500/600/700/800/900、B747-400、B777-200 等。飞机型号最后的两位,由数字或字母组成,代表对应的航空公司,如:737-3J6 是中国国际航空公司选购的 737-300 系列飞机;某架飞机一经指定用户代码后,将不再变更此代码,即使飞机转卖、改装也不再变更此代码,因此,通过它可以知道这架飞机最初的拥有者。

**2. 生产线号(MLN,Manufacturing Line Number)**

生产线号是飞机制造商对其特定一条生产线持续生产某一机型的编号,由飞机制造商自行编制使用,用于统计生产线的产能。如:某架波音 737-300 型飞机的生产线号是 2458,表示该架飞机是波音 737 生产线生产的第 2458 架波音 737 飞机。

**3. 机身号(AN,Airframe Number)**

机身号是为尚未安装客户选型的飞机制订的,由一个字母和四位数字组成,所有出厂飞机均标识机身号,用户对该号码无选择权,如 737-P0001,表示该飞机机型是 737,机身号为 P0001。

**4. 飞机制造序列号(MSN,Manufacturing Serial Number)**

飞机制造序列号是由生产流程确定的,不分机型,是飞机制造商所制造的全部飞机的数量累计。如:波音公司 MSN 27131 飞机,表示该架飞机是美国波音飞机公司生产的第 27131 架飞机。

**5. 批次号(BL,Block Number)**

批次号是用来识别不同飞机的,它出现在与特定飞机相关的所有文件里。批次号(BL)由用户选择,由两个字母和三位数字组成,例如:737 - PA001 to PZ999;737NG - YA001 to YZ999;747 - RA001 to RZ999;757 - NA001 to NZ999;767 - VA001 to VZ999;777 - WA001 to WZ999。

6. 注册号(RN,Registry Number)

注册号代表航空公司注册登记号,是由飞机持有国家的官方指定,是飞机的重要标志,一个注册号对应一架飞机,没有注册号的飞机不允许进行任何飞行。

注册号由国籍标志(Nationality Mark)和登记标志(Register Mark)两部分组成。国籍标志是识别航空器国籍的标志,如中国飞机国籍标志是 B;登记标志是航空器登记国在航空器登记后给定的标志。中国飞机的登记标志由数位数字、字母或其组合而成,列在国籍标志 B 之后,两者之间有一个半字线,由于目前我国航空器登记标志基本采用四位阿拉伯数字,即登记标志的第一位是数字,与国籍标志之间有一个半字线。例如:注册号是 B - 2552,表示该架飞机的国籍是中国,登记标志是 2552。

根据中国关于民用航空器标志的相关规定:固定翼航空器的国籍和登记标志喷涂在机翼和尾翼之间的机身两侧或垂直尾翼两侧,以及右机翼的上表面和左机翼的下表面;旋翼航空器喷涂在尾梁两侧或垂直尾翼两侧。

1.4 AMTOSS(Aircraft Maintenance Task - Oriented Support System)

AMTOSS 是面向飞机维护工作的支持系统的简称,AMTOSS 将每项维修工作生成为工作任务(Task)及其子工作任务(Subtask)的编码。工作任务是指完成特定维护任务而制订的一组完整的工作程序,而其子工作任务则为工作任务中的单独工作步骤。

AMTOSS 编码采用一组字母和数字的组合,用来描述工作任务或其子工作任务,以识别不同工作任务或其子工作任务,使具有不同工作经历层次或工作要求的人员有选择性地查找信息,缩短查询时间,提高查询效率。

工作任务代码(也称为工作任务号)由 TASK 和一组数码组成,例如:TASK 29 - 11 - 05 - 400 - 801 - 002,其含义如下:

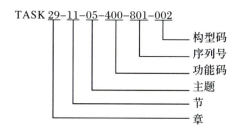

子工作任务代码(也称子工作任务号)由 SUBTASK 和一组数码组成,例如:SUBTASK 29 - 11 - 05 - 870 - 001 - 002,其含义如下:

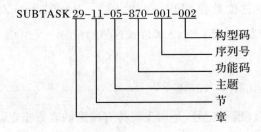

(1)前三组数字表示 ATA100 章节号；

(2)第四组数字表示功能码(具体含义见表 1-3)；

(3)第五组数字表示序列号(使用 3 位功能代码进行区别用于维护实践)；

(4)第六组数字表示飞机构型。

为了方便航空公司自动检索工作任务或子工作任务数据。典型的程序结构见表 1-1 和表 1-2。

表 1-1　AMTOSS Procedure Structure

1. General
2. （TASK）
   A. General
   B. References
   C. Tools/Equipment
   D. Consumable Materials
   E. Expendables/Parts
   F. Location Zones
   G. Access Panels
   H. （TOPIC）
      (1)(SUB－TASK)
         (a) Sub－step
         (b) Sub－step
         (c) Sub－step
      (2)(SUB－TASK)
      (3)(SUB－TASK)
         (a) Sub－step

表1-2 AMTOSS程序结构

| 1. | | 概述 | | |
|---|---|---|---|---|
| 2. | | （任务） | | |
| | A. | 概述 | | |
| | B. | 参考 | | |
| | C. | 工具/设备 | | |
| | D. | 消辅材料 | | |
| | E. | | | |
| | F. | 位置区域 | | |
| | G. | 接近面板 | | |
| | H. | （主题） | | |
| | | （1） | （子任务） | |
| | | | (a) | 子步骤 |
| | | | (b) | 子步骤 |
| | | | (c) | 子步骤 |
| | | （2） | （子任务） | |
| | | （3） | （子任务） | |

## 1. AMTOSS所有任务（Task）

AMTOSS所有任务是指特定维护要求的程序。

(1)拆卸/安装(R/I)任务页块包含这些任务：

①航线可更换件(LRU)的拆卸程序；

②航线可更换件(LRU)的安装程序。

(2)调节/测试(A/T)页块包含这些任务：

①操作测试程序；

②功能测试程序；

③系统测试程序。

## 2. AMTOSS主题

AMTOSS主题是任务中用于提供子任务分组的通用标题。一个任务使用多个主题。

(1)典型主题标题有：

①删除恢复准备；

②飞机恢复正常。

(2)较不复杂的程序使用"程序"专题。

## 3. AMTOSS 子任务(Subtask)

AMTOSS 子任务是任务中的具体步骤,并提供一个完整的操作步骤。

(1)一个子任务包含对正在进行的硬件的说明。例如,"关闭液压管路"是子任务,而"拆除准备"不是子任务。

(2)不同技能要求包含在不同的子任务中。例如,关于液压管路的子任务不包含电气布线任务。

(3)所有子任务的编码均与 AMTOSS 编码的要求相同,见表 1-3。

表 1-3 AMTOSS 编码解释

| 代码 | 功能描述 | 代码 | 功能描述 |
| --- | --- | --- | --- |
| 000 | 拆卸 | 230 | 透视检查 |
| 010 | 拆卸,需要打开才能接近 | 240 | 磁粉检查 |
| 020 | 拆卸单元、部件/断开、松开、拆下项目 | 250 | 涡流检查 |
| 030 | 没有使用 | 260 | X射线,全息检查 |
| 040 | 限动 | 270 | 超声波检查 |
| 050 | 没有使用 | 280 | 特殊的,专门检查 |
| 060 | 没有使用 | 290 | 孔探检查 |
| 070 | 拆卸/删除软件/数据 | 300 | 纠正,修理 |
| 080 | 拆卸测试/支持设备 | 310 | 焊接、硬焊 |
| 090 | 没有使用 | 320 | 机加工、铰、打磨 |
| 100 | 清洁 | 330 | 复合材料 |
| 110 | 化学剂清洁 | 340 | 玻璃纤维、塑料、蜂窝复合、环氧树脂 |
| 120 | 研磨剂清洁 | 350 | 杂项修理 |
| 130 | 超声波清洁 | 360 | 渗漏修理 |
| 140 | 机械清洁 | 370 | 喷漆 |
| 150 | 拆下(打开)清洁 | 380 | 电镀 |
| 160 | 其他清洁 | 390 | 密封 |
| 170 | 冲洗 | 400 | 安装 |
| 180 | 没有使用 | 410 | 安装,关闭拆下、打开接近项目 |
| 190 | 没有使用 | 420 | 安装单元、部件、项目/重新接上、拧紧、打上保险 |
| 200 | 检验、检查 | 430 | 没有使用 |
| 210 | 一般目视检查 | 440 | 解除限动 |
| 220 | 详细尺寸检查 | 450 | 没有使用 |

续表

| 代码 | 功能描述 | 代码 | 功能描述 |
| --- | --- | --- | --- |
| 460 | 没有使用 | 730 | 系统测试 |
| 470 | 安装/装载软件/数据 | 740 | 自检测 |
| 480 | 安装测试/支付设备 | 750 | 特殊/专门检查 |
| 490 | 没有使用 | 760 | 通电检查 |
| 500 | 器材、飞机移交 | 770 | 没有使用 |
| 510 | 发运 | 780 | 压力检查 |
| 520 | 接受 | 790 | 渗漏检查 |
| 530 | 打包装 | 800 | 杂项 |
| 540 | 解包装 | 810 | 故障隔离 |
| 550 | 存储//返回到可用 | 820 | 调节、对准、校准、校装 |
| 560 | 信息编集//定位 | 830 | 没有使用 |
| 570 | 发动机转场、吊舱维护 | 840 | 准备……恢复到正常 |
| 580 | 飞机移交 | 850 | 执行改装 |
| 590 | 没有使用 | 860 | 飞机系统配置 |
| 600 | 勤务、封存、润滑 | 870 | 渗色 |
| 610 | 勤务 | 880 | 加热、冷却 |
| 620 | 封存 | 890 | 定期航线维护 |
| 630 | 解除封存 | 900 | 更换＝拆下＋安装 |
| 640 | 润滑 | 910 | 标准施工 |
| 650 | 加燃油、放燃油 | 920 | 没有使用 |
| 660 | 除冰、防冰 | 930 | 做标记 |
| 670 | 消毒、净化 | 940 | 开始工作/结束工作 |
| 680 | 排放液体 | 950 | 屏蔽 |
| 690 | 没有使用 | 960 | 更换 |
| 700 | 测试、检查 | 970 | 数据记录/计算 |
| 710 | 操作测试 | 980 | 人工操作或定位 |
| 720 | 功能测试 | 990 | 图解、图表等 |

# 模块 2　ATA 100 规范和 ATA 2200 规范

## 2.1　ATA 100 规范

航空技术出版物是飞机制造商向航空公司提供的重要技术资料,它是保障飞机初始适航和持续适航的关键性技术资料。为了统一不同飞机制造商所出版的各种航空技术出版物的编号,并使航空公司的技术人员能够正确、快速查阅相关维修信息,美国航空运输协会(ATA,Air Transport Association of America)组织飞机制造商和航空公司共同制订了美国航空运输协会第 100 号规范,简称 ATA 100 规范,又称航空器产品技术资料编写规范。它是美国航空运输协会根据飞机的技术标准和飞机制造商的技术数据而制订的,于 1956 年 6 月 1 日在《制造厂技术数据》出版公布,其后进行了数次修订和改版。

### 2.1.1　ATA 100 规范的概述和作用

ATA 100 规范规定了民用航空器各种产品在设计、制造、使用、维修等各种资料、文件、函电、报告、目录索引中编码的统一,是飞机制造商编写航空技术出版物的依据,也是航空公司编制计划与非计划维修(维护)文件的依据。飞机维修技术手册编码都是依据 ATA 100 规范的规则编写的。

ATA 100 规范自颁布和实施以来,实现了航空公司与飞机制造商进行更准确、更便捷、更高效地交流和沟通,同时改进了各种资料和文件的归档,成为全球航空业普遍认可和应用的航空技术出版物通用编制规范。

### 2.1.2　ATA 100 规范的编码原则

航空器是由若干个功能不同的系统组成,各系统又由若干个子系统组成,各子系统又由若干个组件(部件)组成。

根据 ATA 100 规范的规定,航空器各种技术出版物的编码系统由 3 组 2 位数字组成(图 2-1),分别表示章-节-主题,章是用于描述航空器各系统的内容,节是用于描述航空器某一子系统的内容,主题是用于描述航空器某一子系统的某一部件的维护程序。例如:飞机维护手册 32-11-21 编码中,32 是章的编码,表示起落架;11 是节的编码,表示主起落架;21 是主题编码,表示主起落架减震支柱密封修理。

# 模块 2　ATA 100规范和ATA 2200规范

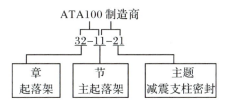

图 2－1　航空器技术手册编码

ATA 100 规范的规定编码适用于航空器所有的技术手册和相关技术文件,编码的左起1～3个数字编码是 ATA 100 规定的,用于某一系统的内容描述;左起 4～6 位数字编码是航空器制造商根据航空器的一般概述信息,对每一章系统下的各个子系统部件提供信息码。例如:飞机维护手册32－11－21编码中,32－1是ATA 100 规范规定的,1－21 是飞机制造商自行确定的。

## 2.1.3　ATA 100 规范的章节划分

根据 ATA 100 规范的规定:航空器各种技术手册的1～4章留给航空公司编写自己的技术资料的,5～12 章属于飞机通用部分,20～49 章属于飞机系统部分,51～57 章属于飞机结构部分,60～65 章属于螺旋桨/旋翼部分,70～80 章属于发动机动力装置部分。ATA 100 规范规定的章节系统/部件通用代码如表 2－1 所示。

表 2－1　ATA 100 规范规定的章节系统/部件通用代码

| 章　节 | | | 内　容 |
|---|---|---|---|
| 05 章 | 时限/维护检查<br>TIME LIMITS/<br>MAINTENANCE<br>CHECKS | 05－0X | 时限/维护 | Time Limits/Maintenance Checks |
| | | 05－4X | 区域检查程序 | Zonal Inspection Program |
| 06 章 | 尺寸和区域<br>DIMENSIONS<br>AND AREAS | 06－0X | 尺寸和区域 | Dimensions and Areas |
| | | 06－2X | 机身站位 | Fuselage Station |
| | | 06－3X | 垂直安定面和方向舵站位 | Vertical Fin and Rudder Station |
| | | 06－4X | 水平安定面和升降舵站位 | Horizontal Stabilizer and Elevator Station |
| | | 06－5X | 机翼站位 | Wing Station |
| | | 06－6X | 发动机和吊舱站位 | Engine and Nacelle Station |
| 07 章 | 顶起与支撑飞机<br>LIFTING AND<br>SHORING | 07－1X | 顶起飞机维护 | Jack Airplane Maintenance |
| | | 07－2X | 支撑飞机 | Shoring Airplane |

续表

| 章节 | | | 内容 | |
|---|---|---|---|---|
| 08章 | 水平测量与称重 LEVELING AND WEIGHING | 08—2X | 水平测量 | Leveling |
| | | 08—3X | 称重 | Procedures to Weigh the Airplane |
| 09章 | 牵引与滑行 TOWING AND TAXIING | 09—1X | 牵引 | Towing |
| | | 09—2X | 滑行 | Taxi the Airplane |
| 10章 | 停放与系留 PARKING AND MOORING | 10—1X | 停放 | Airplane Parking |
| | | 10—2X | 系留 | Moor the Airplane |
| 11章 | 标牌和标志 PLACARDS AND MARKINGS | 11—0X | 标牌和标志 | |
| 12章 | 勤务 SERVICING | 12—1X | 燃油勤务 | Fuel — Servicing |
| | | 12—2X | 滑油勤务 | Airplane Lubrication — Servicing |
| | | 12—3X | 冷天维护 | Cold Weather Maintenance |
| | | 12—4X | 飞机清洁 | Airplane Cleaning And Polishing |
| 20章 | 标准施工 STANDARD PRACTICES | 20—1X | 修理与替换 | Repair And Replacement |
| | | 20—2X | 检测与检查 | Inspection/Check |
| | | 20—3X | 消耗材料 | Specifications and Materials |
| | | 20—4X | 接地 | Grounding |
| | | 20—5X | 扭力值 | Standard Torque Values |
| | | 20—6X | 杂项 | Miscellaneous |
| 21章 | 空调系统 AIR CONDITIONING | 21—0X | 空调系统 | Air Conditioning |
| | | 21—1X | 客舱增压系统 | Cabin Pressure System |
| | | 21—2X | 空气分配系统 | Air Distribution System |
| | | 21—3X | 客舱压力控制系统 | Cabin Pressurization Control System |
| | | 21—4X | 加温系统 | Heating System |
| | | 21—5X | 客舱冷却系统 | Cabin Cooling System |
| | | 21—6X | 客舱温度控制系统 | Cabin Temperature Control System |
| | | 21—7X | 湿度控制系统 | Humidity Control System |

续表

| 章节 | | | 内容 | |
|---|---|---|---|---|
| 22章 | 自动飞行 AUTOFLIGHT | 22—0X | 自动飞行系统 | Auto Flight System |
| | | 22—1X | 自动驾驶系统 | Auto Pilot System |
| | | 22—2X | 速度姿态纠正系统 | Speed Attitude Correction System |
| | | 22—3X | 自动油门系统 | Auto Throttle System |
| | | 22—4X | 维护监控 | Maintenance Monitor |
| | | 22—5X | 气动负载缓冲 | Aerodynamic Load Alleviating |
| 23章 | 通信 COMMUNICATIONS | 23—0X | 通信系统 | Communication System. |
| | | 23—1X | 高频/甚高频/特高频通信系统 | HF/VHF/Communication system. |
| | | 23—2X | 数据传送自动呼叫 | ARINC Communications Addressing and Reporting |
| | | 23—3X | 娱乐系统 | Passenger Entertainment System |
| | | 23—4X | 内话/旅客广播系统 | Interphone/ Passenger Address System |
| | | 23—5X | 音频综合系统 | Audio Integration |
| | | 23—6X | 静电放电系统 | Static Discharging |
| | | 23—7X | 音频/视频监控 | Audio/ Video Monitoring |
| | | 23—9X | ARINC 629 多数据传输总线 | ARINC 629 |
| 24章 | 电源 ELECTRICAL POWER | 24—0X | 电源系统 | Electrical Power |
| | | 24—1X | 交流发电机—发电机传动 | AC Generator |
| | | 24—2X | 交流发电系统 | AC Generation |
| | | 24—3X | 直流发电系统 | DC Generation |
| | | 24—4X | 外部发电系统 | External Power |
| | | 24—5X | 交流电分配系统 | AC Distribution |
| | | 24—6X | 直流电分配系统 | DC Distribution |

续表

| 章 节 | | | 内 容 |
|---|---|---|---|
| 25章 | 设备/装饰 EQUIPMENT/ FURNISHINGS | 25—0X | 客舱设备/装饰 | Equipment/ Furnishings |
| | | 25—1X | 驾驶舱设备 | Flight Compartment |
| | | 25—2X | 客舱设备 | Passenger Compartment |
| | | 25—3X | 厨房 | Galley |
| | | 25—4X | 盥洗室 | Lavatory |
| | | 25—5X | 货舱 | Cargo Compartment |
| | | 25—6X | 紧急设备 | Emergency Equipment |
| | | 25—7X | 附件舱 | Attachment Compartment |
| 26章 | 防火 FIRE PROTECTION | 26—0X | 火警保护系统 | Fire Protection |
| | | 26—1X | 探测系统 | Fire Detection System |
| | | 26—2X | 灭火系统 | Fire Extinguishing System |
| 27章 | 飞行操控 FLIGHT CONTROLS | 27—0X | 飞行操控 | Flight Controls |
| | | 27—1X | 副翼操纵系统 | Aileron And Aileron Trim Control System |
| | | 27—2X | 方向舵操作系统 | Rudder AND Rudder Trim Control System |
| | | 27—3X | 升降舵操作系统 | Elevator Tab Control System |
| | | 27—4X | 安定面操纵系统 | Stabilizer Control System |
| | | 27—5X | 后缘襟翼操纵系统 | Flaps Trailing Edge Flap System |
| | | 27—6X | 阻力控制系统 | Speed Brake Control Systems |
| | | 27—7X | 阵风锁定/阻尼器系统 | Gust Lock Damping Control |
| | | 27—8X | 前缘襟翼操纵系统 | leading edge flaps Control Systems |
| 28章 | 燃油 FUEL | 28—0X | 航空燃油系统 | Fuel System |
| | | 28—1X | 燃油储存 | Fuel Storage |
| | | 28—2X | 航空器燃油分配系统 | Fuel Distribution |
| | | 28—3X | 紧急放油系统 | Emergency Dump System |
| | | 28—4X | 航空器燃油指示系统 | Fuel Temperature Indicating System |
| 29章 | 液压系统 HYDRAULIC POWER | 29—0X | 液压动力系统 | Hydraulic Power |
| | | 29—1X | 主要液压系统 | Main Hydraulic System |
| | | 29—2X | 辅助液压系统 | Standby Hydraulic System |
| | | 29—3X | 指示系统 | Indicating System |

续表

| 章　节 | | | 内　容 | |
|---|---|---|---|---|
| 30章 | 防冰和排雨 ICE AND RAIN PROTECTION | 30—0X | 冰/雨保护系统 | Ice And Rain Protection |
| | | 30—1X | 机翼防冰/除冰系统 | Wing Anti-Icing |
| | | 30—2X | 进气口防冰/除冰系统 | Air Inlet Anti-Icing |
| | | 30—3X | 皮脱/静压口防冰系统 | Pitot tube/ Static Anti-Icing |
| | | 30—4X | 风挡/门除冰/雨 | Windshield/Door Anti-Icing/Rain |
| | | 30—5X | 天线/雷达天线罩防冰/除冰系统 | Antennas Redome |
| | | 30—6X | 螺旋桨/旋翼防冰/除冰系统 | Propellers/Rotors |
| | | 30—7X | 水管防冰系统 | Water lines |
| | | 30—8X | 冰探测 | Ice Detection |
| 31章 | 仪表 INDICATING/ RECORDING SYSTEMS | 31—0X | 指示/记录系统 | Indicating/Recording System |
| | | 31—1X | 仪表板 | Panels |
| | | 31—2X | 单个仪表知识系统 | Independent Instruments |
| | | 31—3X | 数据记录器系统 | Data Recorders |
| | | 31—4X | 发动机指示和机组警告系统 | Engine Indication And Crew Warning System |
| | | 31—5X | 中央警告系统 | Central Warning System |
| | | 31—6X | 中央显示系统 | Central Display System |
| | | 31—7X | 自动数据系统 | Automatic Data System |
| 32章 | 起落架 LANDING GEAR | 32—0X | 起落架系统 | Landing Gear |
| | | 32—1X | 主起落架系统 | Main Landing Gear |
| | | 32—2X | 前/尾起落架系统 | Nose/Tail Landing Gear |
| | | 32—3X | 起落架收/放系统 | Extension And Retraction System |
| | | 32—4X | 起落架刹车系统 | Parking Brake System |
| | | 32—5X | 起落架转弯系统 | Steering System |
| | | 32—6X | 起落架位置与警告系统 | Landing Gear Position Indicating and Warning System |
| | | 32—7X | 辅助架（尾撑） | Supplementary Gear |

续表

| 章　节 | | | 内　容 | |
|---|---|---|---|---|
| 33章 | 灯光<br>LIGHTS | 33—0X | 灯光系统 | Lights |
| | | 33—1X | 驾驶舱灯光 | Flight Compartment |
| | | 33—2X | 旅客舱灯光 | Passenger Compartment |
| | | 33—3X | 货舱灯光 | Cargo Compartment |
| | | 33—4X | 外部灯光 | Exterior |
| | | 33—5X | 紧急灯光 | Emergency lighting |
| 34章 | 导航<br>NAVIGATION | 34—0X | 导航系统 | Navigation |
| | | 34—1X | 飞行环境数据系统 | Flight Environment Data |
| | | 34—2X | 姿态和方向数据系统 | Attitude And Direction |
| | | 34—3X | 着陆和滑行辅助系统 | Landing And Taxi Aids |
| | | 34—4X | 独立位置测定系统 | Independent Position Determining |
| | | 34—5X | 相关位置测定系统 | Dependent Position Determining |
| | | 34—6X | 飞行管理计算系统 | Flight Management Computer System |
| 35章 | 氧气<br>OXYGEN | 35—0X | 氧气系统 | Oxygen |
| | | 35—1X | 机组氧气系统 | Crew Oxygen System |
| | | 35—2X | 旅客氧气系统 | Passenger Oxygen System |
| | | 35—3X | 手提氧气系统 | Portable Oxygen System |
| 36章 | 气源<br>PNEUMATIC | 36—0X | 气源系统 | Pneumatic |
| | | 36—1X | 气源分配系统 | Distribution |
| | | 36—2X | 气源指示系统 | Indication |
| 37章 | 真空<br>VACUUM | 37—0X | 真空系统 | Vacuum |
| | | 37—1X | 真空分配系统 | Distribution |
| | | 37—2X | 真空指示系统 | Indication |
| 38章 | 水/污水<br>WATER/WASTE | 38—0X | 水与污水系统 | Water/Waste |
| | | 38—1X | 饮用水系统 | Potable Water System |
| | | 38—2X | 冲洗水系统 | Wash |
| | | 38—3X | 污水排放系统 | Waste Disposal |
| | | 38—4X | 供气（水增压系统） | Air Supply |

续表

| 章　节 | | | 内　容 | |
|---|---|---|---|---|
| 49章 | 机载辅助动力装置 AUXILIARY POWER UNIT | 49—0X | 机载辅助动力装置系统 | Auxiliary Power Unit |
| | | 49—1X | APU整流罩/包容罩 | |
| | | 49—2X | APU核心发动机 | Engine |
| | | 49—3X | APU发动机燃油与控制 | Engine Fuel And Control |
| | | 49—4X | APU启动/点火系统 | APU Ignition/ Start System |
| | | 49—5X | APU引气系统 | APU Bleed Air System |
| | | 49—6X | APU控制系统 | APU Control System |
| | | 49—7X | APU指示系统 | APU Indication System |
| | | 49—8X | APU排气系统 | APU Exhaust System |
| | | 49—9X | APU滑油系统 | APU Lubrication System |
| 51章 | 标准施工/结构 STRUCTURES | 51—0X | 结构 | Structures |
| | | 51—1X | 减小垂直飞行间隔 | Reduce the vertical flight interval |
| | | 51—2X | 内部与外部抛光 | Interior And Exterior Finishes |
| | | 51—3X | 密封与封严 | Seals And Sealing |
| | | 51—4X | 货舱天花板 | Cargo Ceiling |
| 52章 | 舱门 DOORS | 52—0X | 舱门 | Doors |
| | | 52—1X | 旅客/机组门 | Passenger/Crew Doors |
| | | 52—2X | 紧急出口 | Emergency Exit |
| | | 52—3X | 货/行李舱门 | Cargo/Baggage Doors |
| | | 52—4X | 勤务舱门 | Service Doors |
| | | 52—5X | 固定内部舱门 | Fixed Interior Doors |
| | | 52—6X | 进口登机梯 | |
| | | 52—7X | 门警告系统 | Door Warning System |
| 53章 | 机身 FUSELAGE | 53—0X | 机身结构(概述) | Fuselage |
| | | 53—1X | 机身主结构 | Main Frame |
| | | 53—2X | 机身辅助结构 | Auxiliary Structures |
| | | 53—3X | 机身主金属板/蒙皮 | Main Plate/Skin |
| | | 53—4X | 机身主连接接头 | Main Attach Fittings |
| | | 53—5X | 机身气动整流罩 | Aerodynamic Fairings |
| | | 53—6X | 机身边条 | Strakes |

续表

| 章节 | | | 内容 | |
|---|---|---|---|---|
| 54章 | 吊舱/吊架 NACELLES/ PYLONS | 54—0X | 吊舱/吊架结构 | Structures |
| | | 54—1X | 主舱（在吊舱/吊架上） | Main Frame |
| 55章 | 安定面 STABILIZERS | 55—0X | 尾翼结构 | Stabilizers |
| | | 55—1X | 水平安定面结构 | Horizontal Stabilizer |
| | | 55—2X | 升降舵结构 | Elevators |
| | | 55—3X | 垂直安定面结构 | Vertical Stabilizer |
| | | 55—4X | 方向舵 | Rudder |
| | | 55—5X | 机身飞行操纵连接接头 | Attach Fittings |
| 56章 | 窗 WINDOWS | 56—0X | 窗/风挡系统 | Windows |
| | | 56—1X | 驾驶舱窗 | Flight Compartment Windows |
| | | 56—2X | 客舱窗 | Passenger Cabin Window |
| | | 56—3X | 门窗 | Door-Mounted Windows |
| | | 56—4X | 检查窗 | Inspection And Observation |
| 57章 | 机翼 WINGS | 57—0X | 机翼结构 | Wings |
| | | 57—1X | 机翼主结构 | Main Frame |
| | | 57—2X | 机翼辅助结构 | Auxiliary Structures |
| | | 57—3X | 机翼板/蒙皮 | Plate/Skin |
| | | 57—4X | 机翼连接接头 | Attach Fittings |
| | | 57—5X | 机翼操纵面结构 | Flight Surface |
| 70章 | 发动机标准施工 ENGINE STANDARD PRACTICES | 70—0X | 发动机标准施工 | Engine Standard Practices |
| | | 70—1X | 各种程序 | Miscellaneous Procedures |
| | | 70—3X | 规范与材料 | Specifications And Materials |
| | | 70—4X | 保险装置 | Safety Device |
| | | 70—5X | 标准扭力值 | Standard Torque Values |
| 71章 | 动力装置 POWER PLANT | 71—0X | 动力装置系统 | Power Plant |
| | | 71—1X | 发动机整流罩系统 | Engine Cowling |
| | | 71—2X | 发动机安装部分 | Engine Mounts |
| | | 71—3X | 发动机防火密封 | Engine Fire seals |
| | | 71—6X | 发动机进气系统 | Engine Air Intakes |
| | | 71—7X | 发动机余油 | Engine Vents and Drains |

续表

| 章节 | | | 内容 | |
| --- | --- | --- | --- | --- |
| 72章 | 涡轮/涡桨发动机 TURBINE/ TURBOPROP ENGINE | 72—0X | 发动机（涡轮/涡桨） | Engine（Turbine/Turboprop） |
| | | 72—1X | 涡轮发动机减速齿轮 | Reduction Gear |
| | | 72—2X | 涡轮发动机进气部分 | Air Inlet Section |
| | | 72—3X | 涡轮发动机气压部分 | Compressor Section |
| | | 72—4X | 涡轮发动机燃烧部分 | Combustion Section |
| | | 72—5X | 涡轮部分 | Turbine Section |
| | | 72—6X | 涡轮发动机附件传动 | Accessory Drives |
| | | 72—7X | 涡轮发动机外函部分 | By—Pass Section |
| 73章 | 发动机燃油与控制 ENGINE FUEL AND CONTROL | 73—0X | 发动机燃油与控制 | Engine Fuel And Control |
| | | 73—1X | 发动机燃油分配 | Fuel Distribution |
| | | 73—2X | 燃油控制系统 | Fuel Control System |
| | | 73—3X | 发动机燃油指示识系统 | Engine Fuel Indications System |
| 74章 | 点火 IGNITION | 74—0X | 点火系统 | Ignition |
| | | 74—1X | 点火供电 | Elect Power Supply |
| | | 74—2X | 点火线（分配） | Distribution |
| | | 74—3X | 点火转换 | switching |
| 75章 | 空气 AIR | 75—0X | 发动机放气系统 | |
| | | 75—1X | 发动机防冰系统 | Eng. Anti-Ice |
| | | 75—2X | 发动机冷却系统 | Engine Cooling System |
| | | 75—3X | 压气机放气控制 | Compressor Bleed Control |
| | | 75—4X | 放气空气指示系统 | Bleed Air Indication System |
| 76章 | 发动机控制 ENGINE CONTROLS | 76—0X | 发动机控制 | Engine Controls |
| | | 76—2X | 发动机紧急关停系统 | Engine Emergency Shutdown |
| 77章 | 发动机指示 ENGINE INDICATION | 77—0X | 发动机指示系统 | Engine Indication |
| | | 77—1X | 推力指示系统 | Power Indication System |
| | | 77—2X | 发动机排气温度指示系统 | Exhaust Gas Temperature（EGT）Indication System |
| | | 77—3X | 发动机点火检测器系统 | Engine Ignition Inspection System |
| | | 77—4X | 发动机综合仪表系统 | Engine Integrated Instrument Systems |

续表

| 章 节 | | | 内 容 | |
|---|---|---|---|---|
| 78章 | 发动机排气 EXHAUST | 78—0X | 发动机排气系统 | Engine Exhaust |
| | | 78—1X | 发动机收集器/尾管/喷嘴 | Engine Collector/Nozzle |
| | | 78—2X | 发动机噪声抑制器 | Engine Noise Suppressor |
| | | 78—3X | 反推 | Thrust Reverser |
| 79章 | 发动机滑油 OIL | 79—0X | 发动机滑油系统 | Engine Oil |
| | | 79—1X | 发动机滑油贮存 | Engine Oil Storage |
| | | 79—2X | 发动机滑油分配 | Engine Oil Distribution |
| | | 79—3X | 发动机滑油指示系统 | Engine Oil Indication System |
| 80章 | 起动 STARTING | 80—0X | 发动机起动系统 | Engine Starting |
| | | 80—1X | 发动机摇动 | Engine Cranking |
| 81章 | 涡轮增压 TURBINE | 81—0X | 排气涡轮系统(活塞) | Power Recover |
| | | 81—1X | 动力恢复涡轮(活塞) | |
| | | 81—2X | 排气涡轮增压 | |
| 82章 | 喷水 WATER INJECTION | 82—0X | 喷水系统 | Water Injection |
| 83章 | 附件齿轮箱 ACCESSORY GEAR BOXES | 83—0X | 附件齿轮箱 | Accessory Gear Boxes |
| 91章 | 位置与图表 POSITION AND CHARTS | | | |

## 2.2 ATA 2200 规范

随着电子信息技术的发展,手册由纸质版变为电子版,为此,美国航空运输协会于1994年发布ATA 2100《飞机支援数字化规范资料》,它是从ATA 100规范的附录中分离出来的数字化资料规范。ATA 100规范是航空器技术手册编码标准体系的核心,而ATA 2100规范实现了对ATA 100规范的数字化形式表述。

ATA 2200规范是美国航空运输协会在2000年发布的《数字化数据规范ATA 2200》,它是ATA 100《航空器产品技术资料编写规范》和ATA 2100《飞机支援数字化规范资料》组合的最新版本,是对技术出版物在编码规则、有效性管理、内容编排、版本管理、变更管理,以及检索功能等方面进行数字化资料规范,它规定了航空器制造商应按照合同双方达成的协议,向航空公司提供符合ATA 2200规范的技术信息,以满足航空公司对技术出版物的要求。

ATA 2200规范内容包括手册结构、内容划分、页面编排、出版、改版服务、打印、页面编制及尺寸,它们都是标准化的。在ATA 2200规范中关于技术文件的内容、结构、一般要求等仍沿用ATA 100规范中的内容,ATA 100和ATA 2100在1999年以后不再更新修订级别,目前航空器各种技术手册和资料电子版的技术文件编写规范均遵循ATA 2200规范。

# 模块 3  飞机维护手册(AMM)的使用

飞机维护手册(AMM)是民用飞机外场维护使用频率很高的一本手册,它是由波音商用飞机集团的维护与工程技术服务部出版,手册符合美国航空运输协会 ATA 100 技术规范,符合制造厂技术资料规范。飞机维护手册是一本客户化手册,为航线维护飞机的结构、系统和设备提供需要的技术数据;飞机维护手册用于航线维修技术人员对飞机上安装的所有系统和设备进行勤务、更换、调节、测试、检查和修理维护工作提供需要的技术数据,从某种意义上讲,AMM 手册就是所有针对航线可更换件(LRU)进行的维护步骤和程序的集合。

需要注意的是,不同机型的 AMM 手册的内容不尽相同,新旧不同版本的维护手册内容也有差异,本教材所选用的是 737NG 机型的飞机维护手册。

## 3.1  AMM 手册的章节与章节号

飞机维护手册每一章(系统)按功能细分为节(子系统)和项目(部件)并使用三组两位数字作为某一项目或部件指定的编号。

例如:21-25-02 章节。

其中,21 代表空调系统;25 代表再循环系统;02 代表再循环风扇。

这样,用户可以在每一章范围内找到代表唯一项目或部件的章节号。章节号将显示在每页工卡的右下角,如图 3-1 所示。

图 3-1 AMM 手册 21-25-02 章节

三组数字(XX-XX-XX)中,第一组数字和第二组数字的第一位数字是由 ATA 100 规范规定,其余的数字则是由飞机制造商自行规定。如果手册的内容适用于整个系统,则第二组数字和第三组数字均以 0 作为编号,如图 3-2 所示。

```
Chapter 21 - AIR CONDITIONING
    21 - Effective Pages
    21 - Contents
    Section 21-00 - AIR CONDITIONING - GENERAL
        Subject 21-00-00 - AIR CONDITIONING - GENERAL
        Subject 21-00-01 - AIR CONDITIONING SYSTEM OIL CONTAMINATION REMOVAL
        Subject 21-00-05 - CONFIDENCE CHECK OF AIRPLANE ABILITY TO MAINTAIN CABIN PRESSURE IN FLIGHT ON SINGLE PACK OPERATION
    Section 21-20 - DISTRIBUTION
    Section 21-21 - MAIN AIR DISTRIBUTION
    Section 21-22 - FLIGHT COMPARTMENT CONDITIONED AIR DISTRIBUTION
    Section 21-23 - MAIN CABIN CONDITIONED AIR DISTRIBUTION
    Section 21-24 - GASPER AIR DISTRIBUTION
    Section 21-25 - RECIRCULATION SYSTEM
    Section 21-26 - VENTILATION
    Section 21-27 - EQUIPMENT COOLING SYSTEM
    Section 21-31 - PRESSURIZATION CONTROL SYSTEM
    Section 21-32 - RELIEF VALVES
    Section 21-33 - CABIN PRESSURE INDICATION SYSTEM
    Section 21-45 - DOOR AREA HEATING SYSTEM
    Section 21-51 - PACK FLOW CONTROL AND PACK COOLING SYSTEM
    Section 21-61 - ZONE TEMPERATURE CONTROL AND INDICATION
    Section 21-62 - TRIM AIR PRESSURE REGULATION AND SHUTOFF CONTROL
```

图 3-2　工卡适用整个系统

除此之外,为了飞机运营商能够更容易找到所需的飞机维护信息,由 ATA 100/ATA 2200 规定,将每类维护类型定义一个页码区段,称为页面块,简称页块。页块的第一位是功能位,代表该页码段的工作内容和性质,页块的后两位是顺序的页码,表明的是每页的排序。飞机维护手册的页块和维护类型如下。

表 3-1　飞机维护手册的页块和维护类型

| 维护类型 | | 页区编码(页块) | 参考编码 | 说明 |
| --- | --- | --- | --- | --- |
| General Operation | 概述与操作 | 001-099 | 001 | 提供一个功能、操作、控制和部件的位置说明,向维护人员提供足够信息,用以了解系统的构造和功能 |
| Fault Isolation | 故障隔离 | 101-199 | 101 | 介绍故障隔离程序 |
| Maintenance Practices (MP) | 维护实践 | 201-299 | 201 | 提供一般的维护程序,如飞机顶起或水平测量,提供电源、气源、液压源,发动机整流罩或起落架舱门的打开和关闭等 |
| Servicing(SRV) | 勤务 | 301-399 | 301 | 提供润滑加油、燃油加油和液压油加油等勤务工作程序 |

续表

| 维护类型 | | 页区编码(页块) | 参考编码 | 说明 |
| --- | --- | --- | --- | --- |
| Removal/Installation (R/I) | 拆除/安装 | 401－499 | 401 | 提供航线可更换件的拆/装程序及其重要数据,解释某个故障航线可更换件的解除或更换后恢复所需的工作程序 |
| Adjustment/Test (A/T) | 调节/测试 | 501－599 | 501 | 包括调节测试、操作测试、功能测试和系统测试等 |
| Inspection/Check (I/C) | 检测/检查 | 601－699 | 601 | 包括飞机系统及其系统部件的校验和各种类型的检查 |
| Cleaning/Painting (C/P) | 清洁/喷漆 | 701－799 | 701 | 包括清洁/喷漆施工程序及其安全防护措施 |
| Repairs | 修理 | 801－899 | 801 | 特指经过FAA批准的修理项目 |
| DDG Maintenance Procedures | DDG维护程序 | 901－999 | 901 | 放行偏差指南维护程序 |

飞机维护手册不同机型略有区别,波音737－600/700/800/900机型、波音777机型和波音787飞机使用的飞机维护手册分为两部分,第一部分是(SDS,System Description Section),第二部分是操作程序部分(P&P,Practices and Procedures),系统描述部分(SDS)是原来飞机维护手册的1—99页区,维护人员理解系统功能主要使用第一部分系统描述部分;维护人员在日常维护工作中主要使用第二部分操作程序部分。其他机型飞机维护手册只有一部分组成(例如:737－300/400/500、747－200/400、767－200/300等机型)。对于一些比较老的机型(例如:737－300/400/500机型),技术文件中没有故障隔离手册(FIM),因为故障隔离程序最早属于飞机维护手册的101—199页区,由于这部分内容逐渐膨胀101—199页区太小无法容纳,所有把这部分内容单独分出来变成故障隔离手册(FIM),有故障隔离手册的机型飞机维护手册中就没有101—199页区。

由于每个页区存放的页数有限,所以,如果页数容量超出页区容量,那么,在页码前加上字母即可增加页区容量,例如:PAGE A101、PAGE Z501、PAGE ZA501、PAGE ZZ501、PAGE ZZZ501等。

## 3.2 飞机维护手册的结构

飞机维护手册分为前言(Front Matter)和飞机系统章节两部分。

### 3.2.1 前言章节介绍

以B737－800为例,在前言中包含有以下内容:

AMM 手册前言目录如图 3-3 所示，其具体内容如下：

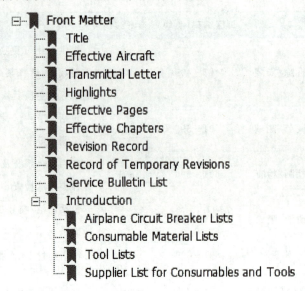

图 3-3　AMM 手册前言目录

Title(标题页)

Effective Aircraft(飞机的有效性清单)

Transmittal Letter(传送的信函)

Highlights(手册更改集锦)

Effective Pages(有效性页清单)

Effective Chapters(章节有效性页清单)

Revision Record(改版纪录)

Record of Temporary Revisions(临时改版纪录)

Service Bulletin List(服务通告清单)

Introduction(概述)

Airplane Circuit Breaker Lists(飞机跳开关清单)

Consumable Material Lists(消耗材料清单)

Tool Lists(工具清单)

Supplier List for Consumables and Tools(供应商消耗材料和工具清单)。

1)飞机的有效性清单

在航空器各种维修技术手册中飞机有效性清单是记录某航空公司机群的有效编码,由于在航空公司的机群里每架飞机的选装的设备、安装的线路等不完全相同,因此我们在查询手册时,必须确定所查手册对于正在维修的飞机是有效的,通过飞机有效性索引表可以查询到该手册所适用的飞机及每架飞机对应的飞机有效性代码,如图3-4所示。

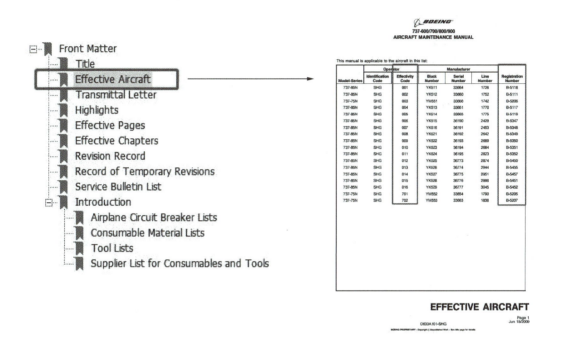

图3-4 飞机有效性列表

图中,737-85N是飞机型号,Operator是经营者信息,Identification Code是航空公司的识别代码,Effectivity Code是有效性代码,Manufacturer是制造厂的信息,Block Number是批次号,Serial Number是序列号,Line Number是生产线号,Registration Number是航空公司注册登记号。

2)手册更改集锦

在手册更改集锦中对手册更新的内容进行了集中描述,如图3-5所示,比如在上图中把31-11-31-1章节的有效性范围从006—016修改为006—012。

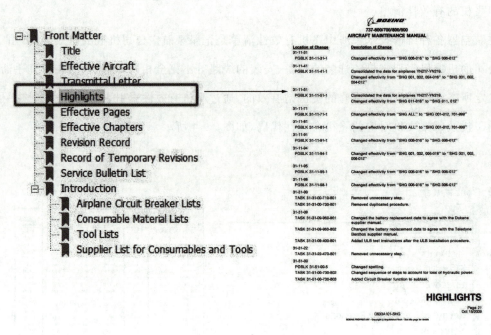

图 3-5　手册更改集锦

3) 有效页清单

有效页清单列出了手册中每一页的最新有效状态,用不同代码表示了本次改版中相关页的改动情况,其中 A 表示增加、R 表示改版、D 表示删除、O 表示覆盖、C 表示客户要求的更改,如图 3-6 所示。

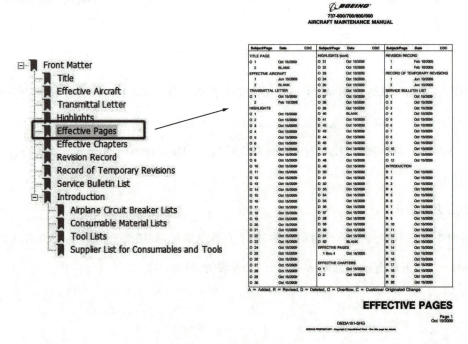

图 3-6　有效页清单

4) 章节有效性清单

章节有效性清单记录手册中每一章的最新有效状态及本次改版中相关章节的改动情况,如图 3-7 所示。

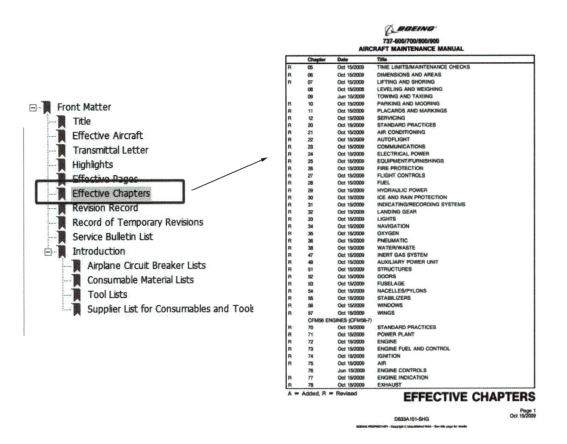

图 3-7　章节有效性清单

5) 改版记录和临时改版记录

飞机制造商每年会对手册进行定期或临时的修订,确保手册始终与飞机处于完全吻合状态,每一次修订都会在改版记录中登记。波音公司定期在每年的三月、七月和十一月十五日改版。如果需要在手册的两次连续定期修订期间对手册内容进行修订,则进行临时修订。每次临时修订只能修订一个项目的内容,修订后也应做好相应记录,如图3-8所示。

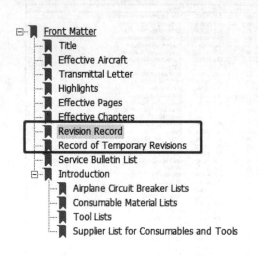

图3-8 改版记录和临时改版记录

6) 服务通告清单

为了保证飞机的安全性,提高飞机的可靠性,航空器制造商或部件制造商发布的服务通告(SB,Service Bulletin)对飞机、部件进行改装、检查及修理工作,如图3-9所示。

由于服务通告不是强制性文件,因此航空营运人在接收到服务通告后会有专门部门对该服务通告进行评估,如果认为该服务通告对本单位的飞机没有太大影响可以不执行此通告,如果认为该通告对本单位飞机有较大影响尤其是安全性的影响,则会将该通告下发给工程技术部门来执行。服务通告清单包括服务通告号、服务通告涉及的ATA章节、通告状态、出版日期及其对手册有效性的影响等。

在"Started/Completed"项目中,如果标有S,则说明这份服务通告尚未完成,如果标有C,则说明这份服务通告已经完成。

模块 3　飞机维护手册(AMM)的使用　35

**737-600/700/800/900**
**AIRCRAFT MAINTENANCE MANUAL**

| Number | Incorporated | Started/Completed | ATA | Subject |
|---|---|---|---|---|
| SB 11-1156 | OCT 10/2007 | S | CHAPTER 11 | PLACARD AND MARKINGS - Flight Deck - Change Control Column Checklist Placards |
| SB 11-1156R1 | OCT 10/2007 | S | CHAPTER 11 | PLACARD AND MARKINGS - Flight Deck - Change Control Column Checklist Placards |
| SB 21-1154R4 | JUN 15/2009 | S | CHAPTER 21 | AIR CONDITIONING - Temperature Control and Cabin Pressure Control Systems - Installation of Pneumatic Air Cleaner System |
| SB 21-1158 | JUN 10/2007 | S | CHAPTER 21 | AIR CONDITIONING - Passenger Cabin Conditioned Air Distribution - Change to the Spuds on the Overhead Air Distribution Ducts to Increase Air Flow in the Overhead of the Airplane |
| SB 21-1158R1 | JUN 10/2007 | S | CHAPTER 21 | AIR CONDITIONING - Passenger Cabin Conditioned Air Distribution - Change to the Spuds on the Overhead Air Distribution Ducts to Increase Air Flow in the Overhead of the Airplane |
| SB 24-1169 | No Effect | | - | ELECTRICAL POWER - Inspection for Missing Fillet Seal on Receptacles in Main Landing Gear Wheel Wells |
| SB 24-1169R1 | No Effect | | - | ELECTRICAL POWER - Inspection for Missing Fillet Seal on Receptacles in Main Landing Gear Wheel Wells |
| SB 24-1169R2 | No Effect | | - | ELECTRICAL POWER - Inspection for Missing Fillet Seal on Receptacles in Main Landing Gear Wheel Wells |
| SB 24-1171 | No Effect | | - | ELECTRICAL POWER - Electrical Load Distribution - Inspection, Repair and Installation of Protective Sleeve on Wire Bundle W0018 in the Flight Compartment |
| SB 24-1171R1 | No Effect | | - | ELECTRICAL POWER - Electrical Load Distribution - Inspection, Repair and Installation of Protective Sleeve on Wire Bundle W0018 in the Flight Compartment |

A = Added, R = Revised

**SERVICE BULLETIN LIST**

图 3-9　服务通告清单

7) 手册介绍

在飞机维护手册的介绍中描述了手册的结构、章节编排规则、有效性识别、页段含义、手册使用方法、任务编号系统,手册还包括跳开关清单、消耗材料清单、工具清单、消耗材料和工具供应商清单等。

### 1. 跳开关清单

跳开关清单给出了飞机所有的跳开关章节号、电子设备号、名称,以及位置和有效性信息,如图3-10所示。

| ATA Chap-Sec | Circuit Breaker Number | Circuit Breaker Nomenclature | Location | |
|---|---|---|---|---|
| | | | Panel | Row/Column |
| SHG 001, 002, 004-016 | | | | |
| 21 | C01176 | A/C PACK/ENGINE BLEED AIR OVHT LEFT | P6-4 | C8 |
| 21 | C01177 | A/C PACK/ENGINE BLEED AIR OVHT RIGHT | P6-4 | C7 |
| 21 | C00911 | A/C RECIRC FAN LEFT CABIN AIR | P18-3 | E7 |
| 21 | C01156 | A/C RECIRC FAN LEFT CONT | P18-3 | E9 |
| 21 | C01169 | A/C ZONE TEMP DUCT OVHT AFT PASS | P6-4 | C2 |
| 21 | C01164 | A/C ZONE TEMP DUCT OVHT FLT DECK | P6-4 | C4 |
| 21 | C01166 | A/C ZONE TEMP DUCT OVHT FWD PASS | P6-4 | C3 |
| 21 | C01167 | A/C ZONE TEMP VALVE/FAN CONT FWD PASS | P6-4 | B2 |
| SHG ALL | | | | |
| 21 | C01274 | AIR CONDITIONING DOOR AREA HEAT CONT | P18-3 | E11 |
| SHG 003, 701-999 | | | | |
| 21 | C00124 | AIR CONDITIONING MIX VALVE POS IND | P6-4 | D1 |

图3-10 跳开关清单

### 2. 消耗材料清单

耗材是指在工作中使用的消耗性材料,它的第1个字母标明该材料的性质,如图3-11所示。

"A"表示黏结剂、填充剂、封严剂;

"B"表示清洁剂、光洁剂;

"C"表示整修材料;

"D"表示滑油、润滑脂、固体润滑剂等润滑介质;

"E"表示除漆、除胶等的清除剂;

"F"表示焊接材料;

"G"表示复合材料。

(Continued)

| Reference | Description | Specification | Material | Supplier |
|---|---|---|---|---|
| A00026 | Compound - Sealing, Locking And Retaining, Single Component | ASTM D5363 | | |
| A00027 | Adhesive - Silicone Rubber, 1 Part, RTV | BAC5010, Type 60 | RTV 102 | 71984 |
| A00028 | Adhesive - Modified Epoxy For Rigid PVC, Foam Cored Sandwiches | BAC5010, Type 70 (BMS5-92, Type 1) | | |
| A00039 | Adhesive - Clear Epoxy Resin, 2 Part, RT Cure - Epibond 126 | | Epibond 126 | 99384 |
| A00040 | Resin - Self-Extinguishing Laminating - Epocast 50-A1 with Epocast 9816 | BMS8-201, Type III (Long work life) | Epocast 50A with Epo | 99384 |
| A00066 | Sealant - RTV - Dow Corning 90-006 | | Dow Corning 90-006 | 71984 |
| A00081 | Adhesive - Silicone Rubber - RTV 106 | BAC5010, Type 74 | RTV 106 | 01139 |
| A00103 | Sealant - Windshield And Window - PR-1425 | | PR-1425 | 83574 |
| A00112 | Hardener - Adhesive - Hysol 3561 | | Hysol 3561 | 33564 |

图 3-11　耗材清单

## 3. 工具清单

工具可分为3种类型：标准工具(STD)、通用工具(COM)和特殊工具(SPL)，如图 3-12 所示。

| Reference | Description |
|---|---|
| STD-77 | Air Source - Regulated, Dry Filtered, 0-50 psig |
| STD-122 | Brush |

| Reference | Description | Part Number | Supplier | A/P Effectivity |
|---|---|---|---|---|
| SPL-1362 | Assembly - Wrench Adapter (C32029-6, Part of Kit C32029-1) | C32029-1 | 81205 | 737-600, -700, -700C, -700ER, -700QC, -800, -900, -900ER, -BBJ |

| Reference | Description | Part Number | Supplier | A/P Effectivity |
|---|---|---|---|---|
| COM-1482 | Jack - Tripod, Aft Body | 15-100-40 | 00994 | 737-ALL |
| | | 714A-WITH 36" LEG EXT | 94861 | 737-ALL |
| COM-1483 | Jack - Tripod, Wing | 50-60-44 | 00994 | 737-ALL |
| | | 759A | 94861 | 737-ALL |
| | | 8826 | 94861 | 737-ALL |

图 3-12　工具清单

4. 消耗材料和工具供应商清单

消耗材料和工具供应商清单如图 3-13 所示。

| CAGE Code | Supplier Name | Supplier Address |
|---|---|---|
| S0373 | RIVERS AIRCRAFT VACUUM CO. | 2 EAST WASHINGTON AVENUE<br>2 East Washington Ave<br>P.O.BOX 1499, KREBS, OK 74554<br>KREBS, OK<br>74554<br>Telephone: 415-751-0468<br>Facsimile: 415-751-0468 |
| S0494 | F C C SYSTEMS LIMITED | THE OLD ARMOURY<br>COURT BARTON, CREWKERNE<br>SOMERSET, --<br>TA18 7HP<br>Telephone: 0460 73442<br>Facsimile: 0460 76202 |
| S0708 | AVIATION PARTNERS BOEING, INC. | 7299 PERIMETER ROAD SOUTH<br>SEATTLE, WA<br>98108<br>Telephone: (206) 830-7699<br>Facsimile: (206) 767-3355 |
| S0797 | JET \ BRELLA INCORPORATED | 6849 HAYVENHURST AVE.<br>VAN NUYS, CA<br>91406-4718<br>Telephone: 818-780-1769<br>Facsimile: 818-994-9456 |
| S0855 | CUSTOM COMPONENTS, LIMITED | UNIT 3, FELTRIM BUSINESS PARK, SWORDS ,CO.<br>DUBLIN, IE<br>NA<br>Telephone: 353 1 8901909<br>Facsimile: 353 1 8901907 |
| S0856 | PNJ MACHINING, INC. | 2601 INTER AVE<br>PUYALLUP, WA<br>98372<br>Telephone: 253-841-0500<br>Facsimile: 253-840-1695 |

图 3-13　耗材和工具供应商清单

此清单给出了工具和耗材的供应商代码、名称及地址信息。

### 3.2.2 飞机维护手册系统章节内容介绍

**1) 有效页清单**

与前言的有效页清单一样，在飞机系统章节中的有效页清单(Effective Pages)给出了该章节每一页的最新有效状态，如图 3-14 所示。

图 3-14 章节有效性清单

2)工卡阅读

不同的工卡,内容顺序上均遵循一定的规律。下面以 36-11-04,401 PRSOV(压力调节与关断活门)的拆装为例,简单介绍相关的内容。

(1)概述:对维护工作做出说明,给出工作的目的,包括工作原因,使用和限制等信息,如图 3-15 所示。

**1. General**
  A. This procedure has two tasks:
    (1) Pressure regulating and shutoff valve (PRSOV) removal
    (2) Pressure regulating and shutoff valve (PRSOV) installation.
  B. The PRSOV is installed at the 10 o'clock location on the engine core area and below the precooler.
  C. For this procedure the pressure regulating and shutoff valve will be referred to as the PRSOV.

图 3-15 工卡概述

(2)相关参考清单:以清单的形式(工卡号,标题)提供所有需要参考的资料,以便在开始工作前确定参考资料,如图 3-16 所示。

A. References

| Reference | Title |
| --- | --- |
| 36-00-00-860-806 | Remove Pressure from the Pneumatic System (P/B 201) |
| 36-11-01-000-802 | Engine Pneumatic Duct Removal (P/B 401) |
| 78-31-00-010-801-F00 | Open the Thrust Reverser (Selection) (P/B 201) |

图 3-16 参考清单

(3)安装区域:完成所需工作项目的位置和接近盖板的相关资料。其包括两项内容:区域位置和接近盖板。区域位置和接近盖板用3位数代码来识别,接近盖板也最多能附加3位字母,如图3-17所示。相关的资料(名称与图示),可在 AMM 第06章查询。

B. Location Zones

| Zone | Area |
| --- | --- |
| 415 | Engine 1 - Thrust Reverser, Left |
| 425 | Engine 2 - Thrust Reverser, Left |

图 3-17 安装区域

(4)准备工作:实施某项具体工作前的准备工作,如图 3-18 所示。对于拆卸而言,一般有:打开相应口盖,卸除电源(拔出跳开关)、气源、液压源,解除预位等。

### C. Prepare to Remove the PRSOV

SUBTASK 36-11-04-860-005

**WARNING:** YOU MUST REMOVE THE PRESSURE FROM THE PNEUMATIC DUCTS BEFORE YOU REMOVE A PNEUMATIC SYSTEM COMPONENT. IF YOU DO NOT REMOVE THE PRESSURE FROM THE PNEUMATIC DUCTS, HOT HIGH PRESSURE AIR CAN CAUSE INJURIES TO PERSONS OR DAMAGE TO EQUIPMENT.

(1) Do this task: Remove Pressure from the Pneumatic System, TASK 36-00-00-860-806.

SUBTASK 36-11-04-860-001

(2) Make sure the engine start lever for the applicable engine is in the CUTOFF position and install DO-NOT-OPERATE tags.

SUBTASK 36-11-04-010-001

**WARNING:** DO THESE SPECIFIED TASKS IN THE CORRECT SEQUENCE BEFORE YOU OPEN THE THRUST REVERSER: RETRACT THE LEADING EDGE, DEACTIVATE THE LEADING EDGE, DEACTIVATE THE THRUST REVERSER (FOR GROUND MAINTENANCE), AND OPEN THE FAN COWL PANEL. IF YOU DO NOT OBEY THE ABOVE SEQUENCE, INJURIES TO PERSONS AND DAMAGE TO EQUIPMENT CAN OCCUR.

(3) Open the left thrust reverser for the applicable engine. To open the left thrust reverser, do this task: Open the Thrust Reverser (Selection), TASK 78-31-00-010-801-F00.

图 3-18 准备工作

准备工作是在工卡中执行某步工作前需要提醒的内容,维护人员应仔细阅读并认真执行,否则将会对人员或设备造成危害。警告信息按严重程度由高到低分为"WARNING"(警告)、"CAUTION"(告诫)和"NOTE"(说明)。

(5)拆除步骤:给出了拆除 PRSOV 的详细步骤,在拆除步骤中出现的项目号与工卡后图示中的项目号是一一对应的,如图 3-19 所示。

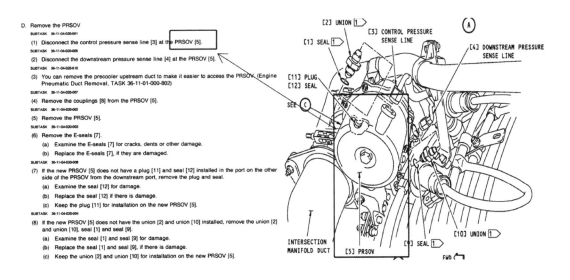

图 3-19 拆卸步骤

(6)工具/设备：给出涉及此项工作的所有波音，供应商和发动机厂的工装和测试设备，如图3-20所示。

**B. Tools/Equipment**

| Reference | Description |
|---|---|
| STD-3906 | Mallet - Rubber |

图 3-20　需要的工具/设备

(7)耗材：列出完成工作需要的所有消耗材料，即给出材料的代码、名称类型和规范，如图3-21所示。

**C. Consumable Materials**

| Reference | Description | Specification |
|---|---|---|
| D00006 | Compound - Antiseize Pure Nickel Special - Never-Seez NSBT | BAC5008 |
| D00010 | Compound - Thread Antiseize, High Temperature | MIL-PRF-907 |

图 3-21　需要的耗材

(8)消耗件/部件：以清单或表格的形式，给出需更换的主要部件和相关消耗件在IPC手册中的参考章节（详细到图号，项目号），如图3-22所示。

**D. Expendables/Parts**

| AMM Item | Description | AIPC Reference | AIPC Effectivity |
|---|---|---|---|
| 1 | Seal | 36-11-51-02-270 | XIA 001-004 |
| | | 36-11-51-02A-280 | XIA 005, 006, 009-015, 801-810, 812-838, 840-999 |
| 5 | PRSOV | 36-11-04-01-020 | XIA 001-004 |
| | | 36-11-04-01A-020 | XIA 005, 006, 009-015, 801-810, 812-838, 840-999 |
| 9 | Seal | 36-11-51-02-275 | XIA 001-004 |
| | | 36-11-51-02A-285 | XIA 005, 006, 009-015, 801-810, 812-838, 840-999 |
| 11 | Plug | 36-11-51-02-263 | XIA 001-004 |
| | | 36-11-51-02A-270 | XIA 005, 006, 009-015, 801-810, 812-838, 840-999 |
| 12 | Seal | 36-11-51-02-275 | XIA 001-004 |
| | | 36-11-51-02A-285 | XIA 005, 006, 009-015, 801-810, 812-838, 840-999 |

图 3-22　消耗件/部件的IPC索引

(9)安装步骤:给出了安装 PRSOV 的详细步骤,在安装步骤中出现的项目号与图示中的项目号也是一一对应的。

在安装紧固件时,工卡里会给出相应的力矩值,如果工卡中没有标出具体的力矩值,可以从 AMM 手册的第 20 章中查询,如图 3 - 23 所示。

G. Install the PRSOV

SUBTASK 36-11-04-420-001

(1) Remove the protective covers from the open duct sections and the pressure sense lines.

SUBTASK 36-11-04-210-001

(2) Examine the E-seal [7] for cracks, dents or other damage.

 (a) Replace all damaged E-seals [7].

SUBTASK 36-11-04-420-009

(3) Do this step if the precooler upstream duct was removed in PRSOV Removal, TASK 36-11-04-000-801.

 (a) Loosely install one end of the precooler upstream duct. (Engine Pneumatic Duct Installation, TASK 36-11-01-400-802).

SUBTASK 36-11-04-420-003

(4) Install the E-seal [7] in the cavity on the adjacent duct flange and on the PRSOV [5].

SUBTASK 36-11-04-420-004

(5) Install the PRSOV [5] between the pneumatic duct sections.

 NOTE: Make sure the flow arrow points up.

SUBTASK 36-11-04-420-005

**CAUTION:** MAKE SURE YOU INSTALL THE LOCKING DEVICE OF THE COUPLING CORRECTLY. IF YOU DO NOT INSTALL THE COUPLING FINGERS IN THE LOCKING DEVICE, THE COUPLING CAN LOOSEN AND CAUSE DAMAGE TO EQUIPMENT.

(6) Loosely install the couplings [8] to attach the PRSOV [5] to the pneumatic duct sections.

 NOTE: Do not tighten the couplings [8] at this time. The final orientation of the PRSOV [5] will be done with the two pressure sense lines.

SUBTASK 36-11-04-420-006

(7) Connect the downstream pressure sense line to union [10] and the control pressure sense line to union [2] on the PRSOV [5] as follows:

 (a) Tighten the tube nuts on the pressure sense lines to 133.0 in-lb (15.0 N·m) - 147.0 in-lb (16.6 N·m).

 (b) Back off the tube nuts to decrease the torque.

 (c) Tighten the tube nut on the pressure sense lines again to 133.0 in-lb (15.0 N·m) - 147.0 in-lb (16.6 N·m).

图 3 - 23 安装步骤

(10)测试：工作完成后，需要做测试。如果测试的内容与某份 AMM 工卡相对应，给出对应的参考工卡号；若没有，给出具体的测试步骤，如图 3-24 所示。

H. PRSOV Installation Test

SUBTASK 36-11-04-860-003

(1) Do this task: Supply Electrical Power, TASK 24-22-00-860-811.

SUBTASK 36-11-04-860-008

(2) Close these circuit breakers:

F/O Electrical System Panel, P6-4

| Row | Col | Number | Name |
|-----|-----|--------|------|
| A | 7 | C00796 | AIR CONDITIONING BLEED AIR VALVES LEFT |
| B | 7 | C00797 | AIR CONDITIONING BLEED AIR VALVES RIGHT |

SUBTASK 36-11-04-710-001

(3) Use the APU or ground air source to pressurize the pneumatic system, do this task: Supply Pressure to the Pneumatic System (Selection), TASK 36-00-00-860-801.

SUBTASK 36-11-04-710-002

(4) If it is necessary, put the ISOLATION VALVE switch on the P5-10 panel to the OPEN position.

SUBTASK 36-11-04-710-003

(5) Put the applicable engine BLEED switch to the ON position.

SUBTASK 36-11-04-710-004

**WARNING**: PRESSURIZE THE BLEED AIR SYSTEM BEFORE YOU PUT THE PRSOV TO OPEN. USE A RATCHET TYPE WRENCH TO PUT THE PRSOV TO THE OPEN POSITION. THE PRSOV CAN OPEN QUICKLY AND TURN A REGULAR WRENCH HANDLE QUICKLY. THIS CAN CAUSE INJURIES TO PERSONS OR DAMAGE TO EQUIPMENT.

(6) Use a wrench to turn the manual override nut [6] on the PRSOV [5] to the OPEN position.

   (a) Keep the PRSOV [5] in the OPEN position, if it does not stay open.

SUBTASK 36-11-04-710-005

(7) Make sure that there is no air leakage at the valve couplings [8].

   NOTE: Diffused leakage is permitted, jet blast leakage must be repaired.

SUBTASK 36-11-04-710-006

(8) Put the applicable engine BLEED switch to the OFF position.

SUBTASK 36-11-04-700-001

(9) Make sure that the manual override nut [6] on the PRSOV [5] moves to the CLOSED position.

SUBTASK 36-11-04-860-004

(10) Make sure that the manual lock assembly on the PRSOV [5] is not locked.

   (a) The bolt must be tight (see the placard adjustment to the lock).

SUBTASK 36-11-04-860-001

(11) Manually turn the manual override nut [6] to make sure that the PRSOV [5] operates correctly.

图 3-24 测试步骤

## 3.3 飞机维护手册的有效性控制

飞机维护手册是一本客户化手册,在手册的前言(Front matter)中列出本手册适用的有效飞机清单,通过有效飞机清单可以知道手册对哪些飞机有效。在飞机维护手册的前言中有手册的章有效性清单、每章中有章节的有效页清单,通过这些内容控制了整个手册内容的有效性。在飞机维护手册的前言中有手册正式改版记录和临时改版记录,通过修订记录控制手册的现行有效性。

我们在查阅飞机维护手册时一定要注意查阅的是哪家航空公司的手册,哪种型号飞机的飞机维护手册,手册最近修订的时间是否符合要求等。飞机维护手册的每页右下角均以 ATA 章节号(右下角的大黑体字数字)、页区号、有效日期作为页区标识,左下角则是该页的有效性情况,一般来说,描述某页的适用情况有以下三种方式:

(1)如果该页对机队所有飞机均适用,则在左下角的 EFFECTIVITY 栏里显示 ALL。

(2)如果仅对机队中部分飞机适用,则在左下角的 EFFECTIVITY 栏里显示具体的飞机有效性代码。

(3)如果仅对机队中某些安装有特殊设备的飞机适用,则在左下 EFFECTIVITY 栏里显示具体的物理描述信息,如图 3-25 所示。

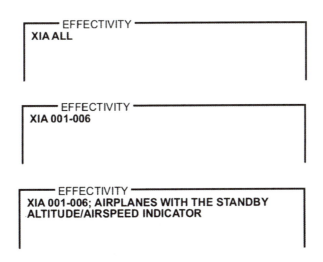

图 3-25 工卡适用性表示

如果具体内容中有适用性差异,则在工作步骤前加注适用性信息,如图 3-26 所示。

# 737-600/700/800/900
# AIRCRAFT MAINTENANCE MANUAL
## PASSENGER SERVICE UNIT SPEAKER - REMOVAL/INSTALLATION

1. **General**

    A. This procedure has these tasks:

    (1) A removal of the passenger service unit (PSU) speaker

    (2) An installation of the PSU speaker.

    B. The passenger service units have speakers installed, as necessary, to supply equal sound in the passenger compartment.

    **TASK 23-31-02-000-801**

2. **Passenger Service Unit (PSU) Speaker Removal**
    (Figure 401 or Figure 402)

    A. Tools/Equipment

    | Reference | Description |
    |---|---|
    | STD-1073 | Wire - Standard, 18-22 Gauge, Insulation Removed |

    B. Location Zones

    | Zone | Area |
    |---|---|
    | 200 | Upper Half of Fuselage |

    C. Removal Procedure

    SUBTASK 23-31-02-860-801

    (1) Open this circuit breaker and install safety tag:

    **F/O Electrical System Panel, P6-1**

    | Row | Col | Number | Name |
    |---|---|---|---|
    | D | 4 | C00082 | COMMUNICATIONS PA AMPL BAT |

    SUBTASK 23-31-02-020-801

    **CAUTION:** MAKE SURE THAT THE RELEASE PIN FOR THE CHEMICAL OXYGEN GENERATOR STAYS ENGAGED IN THE FIRING PIN. IF THE CHEMICAL OXYGEN GENERATOR ACCIDENTALLY OPERATES, IT IS MANDATORY THAT YOU REPLACE IT.

    (2) Do the steps that follow to remove the PSU speaker:

    (a) Open the PSU.

    1) Push a 18-22 gauge insulation removed wire, STD-1073 in the holes of the PSU face panel to open the assembly.

    (b) Hold the PSU panel.

    1) Push the spring clip with the 18-22 gauge insulation removed wire, STD-1073 to release the assembly.

    (c) Slowly lower the PSU panel assembly until the lanyard can hold the PSU.

    (d) Disconnect the PSU electrical connector.

    (e) Identify the location of the electrical wires on the speaker transformer terminals.

    **XIA 001-006, 009-011, 801-810, 812-827**

    (f) Disconnect the two electrical connectors [3] from the speaker transformer terminals.

    **XIA 012-015, 828-838, 840-999**

    (g) Disconnect the two electrical connectors [2] from the speaker transformer terminals.

    EFFECTIVITY
    XIA ALL

    23-31-02

    Page 401
    Feb 15/2015

图 3-26  工卡内容适用性差异

## 3.4 飞机维护手册的查询方法

飞机维护手册(AMM)常用查询方法有两种:已知关键字的查询方法和已知飞机维护工作的支持系统(AMTOSS)任务代码查询方法。

### 3.4.1 已知关键词的查询方法

查找基本思路是:关键字——ATA 100 章节——飞机有效性代码——临时改版清单——目录——章——节——主题——页区——相关信息。

步骤 1:在查找相关信息之前,首先确定信息的关键词(Keyword),根据信息的关键词,判定信息可能在的 ATA 100 章节。

步骤 2:根据相关信息确定该架飞机的有效性代码。

步骤 3:检查临时改版清单中有无相关信息。

步骤 4:根据相关信息找到该章的目录(Table of Contents),通过关键词在目录找到关键词所在的节或分子系统。如果是电子版的手册,还可以通过软件自带的搜索功能输入关键词进行过滤和筛选。

步骤 5:找到所在的节或分子系统以后,根据相关信息确定主题部分和页区。找到手册相应页区查找所需信息。

【例】查找安装 B737-800 机型 B-5301 飞机上固定燃油关断活门的螺栓的力矩要求。

步骤 1:根据题目可以确定所查问题在 ATA 28 章燃油系统。

步骤 2:根据 B737-800 机型 B-5301 飞机信息在飞机维护手册的前言(Front matter)中确定该架飞机的有效性代码是 805。

步骤 3:检查临时改版清单中有无 ATA 28 章燃油系统关于固定燃油关断活门螺栓的力矩的临时改版记录。

步骤 4:查询 28 章的目录,确定问题属于 28-2X 节的压力供油系统。

步骤 5:燃油关断活门的英文为 Fueling Shutoff Valve,螺栓的英文为 bolt。在 28 章目录中,从 28-21-00 开始查找,判断问题属于 28-21-51 燃油关断活门。

步骤 6:分析只有在安装燃油关断活门时才需要磅力矩这样的程序要求,故答案应在页区

401—499 的拆装部分。进入 28-21-51 Page 401,这部分内容包括燃油关断活门的拆卸程序和安装程序。如图 3-27 所示,装配图中可找到关断活门施工程序和重要数据如图 3-28 所示。

### 3.4.2 已知飞机维护工作的支持系统任务代码查询方法

查找基本思路是:ATA 100 章节和页区——飞机有效性代码——临时改版清单——页区——相关信息。

步骤1:根据飞机维护工作的支持系统任务代码的前 3 组数字得到 ATA 100 章节号,根据第四位数字得到页区代码。

步骤2:根据相关信息确定该架飞机的有效性代码。

步骤3:检查临时改版清单中有无相关信息。

步骤4:根据相关信息找到该章的目录和页区,通过飞机维护工作的支持系统任务代码飞机维护手册中找到快速找到对应的章节页的信息。如果是电子版的手册,还可以通过软件自带的搜索功能输入关键词进行过滤和筛选。

【例】查找安装 B737-800 机型 B-5301 飞机上固定燃油关断活门的螺栓的力矩要求,已知飞机维护工作的支持系统任务代码是 TASK 28-21-51-400-801。

步骤1:根据已知的飞机维护工作的支持系统任务代码 TASK 28-21-51-400-801 的前3组数字得到 ATA 100 章节号可以确定所查问题在 ATA28 章燃油系统。

步骤2:根据 B737-800 机型 B-5301 飞机信息在飞机维护手册的前言(Fornt Matter)中确定该架飞机的有效性代码是 805。

步骤3:检查临时改版清单中有无 ATA 28 章燃油系统关于固定燃油关断活门螺栓的力矩的临时改版记录。

步骤4:根据飞机维护工作的支持系统任务代码是 TASK 28-21-51-400-801 在 28-21-51 Page 401 找到燃油关断活门的拆卸程序和安装程序。在如图 3-27 所示的装配图中可找到关断活门施工程序和重要数据,如图 3-28 所示。

模块 3　飞机维护手册(AMM)的使用　49

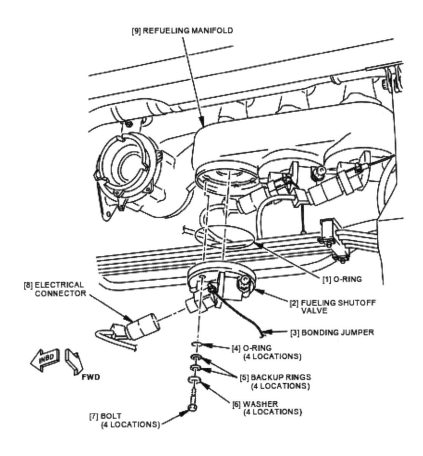

Fueling Shutoff Valve Installation
Figure 401/28-21-51-990-802 (Sheet 2 of 2)

图 3-27　燃油关断活门装配图

**737-600/700/800/900**
**AIRCRAFT MAINTENANCE MANUAL**

SUBTASK 28-21-51-420-005

**CAUTION:** DO NOT REMOVE OR HOLD THE O-RING TOO TIGHTLY WHEN YOU TURN THE FUELING SHUTOFF VALVE. YOU CAN CAUSE DAMAGE TO THE O-RING IF YOU ARE NOT CAREFUL.

(10) Turn the fueling shutoff valve [2] until the bolt holes align with the holes in the refueling manifold [9].

SUBTASK 28-21-51-640-002

(11) Lightly lubricate the bolt O-rings [4] with fuel.

SUBTASK 28-21-51-420-006

(12) Install the bolts [7] and tighten them with your fingers while you hold the fueling shutoff valve [2] in its position.

SUBTASK 28-21-51-420-007

(13) Tighten all the bolts [7] to a torque of 24 in-lb (3 N·m) - 32 in-lb (4 N·m), refer to BAC5009 for torque values.

SUBTASK 28-21-51-420-008

(14) Connect the bonding jumper [3] to the fueling shutoff valve [2].

SUBTASK 28-21-51-420-009

(15) Connect the electrical connector [8] to the fueling shutoff valve [2].

　　(a) If more than one fueling shutoff valve [2] is installed, make sure that the correct electrical connector [8] is installed on the correct fueling shutoff valve [2].

　　　　1) Remove the identification tags from the electrical connectors [8].

SUBTASK 28-21-51-420-010

(16) Measure the electrical bond between the fueling shutoff valve [2] and the structure (TASK 28-21-51-200-801).

　　(a) Make sure that the resistance is 0.0010 ohm (1.0 milliohm) or less.

图 3 - 28　燃油关断活门安装步骤

## AMM 查询工卡

工卡1：

| 工卡标题 Title | AMM 查询任务——风挡防水涂层的维护实施 | | | |
|---|---|---|---|---|
| 工卡编号 TC No. | | 版本 Revision | | |
| 机型 A/C Type | B737-600/700/800 | 飞机注册号 Reg. No. | B-2998 | |
| 区域 Zone | 飞机维修手册查询及 CBT 实训室 | 工时（学时）Working Hours | 2 | |
| 参考文件 Ref. | B737-600/700/800 飞机维修手册 AMM | | | |
| 注意事项 Cautions | 阅读 AMM 工卡内容时请注意有效性信息 | | | |
| 编写 Edited By | | 审核 Examined By | | 批准 Approved By |
| 日期 Date | | 日期 Date | | 日期 Date |
| 工具/设备/材料 Tool/Equipment/Material | | | | 工作者 Mechanic | 检查者 Inspector |
| 名称 | 规格 | 单位 | 数量 | | |
| 计算机 | N/A | 台 | 1 | | |
| 手册 | B737-600/700/800 手册大全 | 套 | 1 | | |
| 翻译软件 | 英文翻译软件，如有道翻译 | 个 | 1 | | |
| 阅读器软件 | PDF 阅读器，如 Adobe Reader | 个 | 1 | | |
| 1. 工作任务 Task | | | | 工作者 Mechanic | 检查者 Inspector |
| 通过查询 AMM 找到 B-2998 飞机风挡防水涂层维护实施前应断开的跳开关信息 | | | | | |
| 2. 工作准备 Preparation | | | | 工作者 Mechanic | 检查者 Inspector |

1) 准备好计算机及软件
  (1) 能流畅运行办公软件的计算机 1 台；
  (2) 计算机安装有英语翻译软件及 PDF 阅读器。
2) 计算机备有本次任务相关的 B737-600/700/800 手册

续表

| 3.工作步骤<br>Procedure | 工作者<br>Mechanic | 检查者<br>Inspector |
|---|---|---|
| (1)打开 FM 文件,核实 B-2998 飞机有效性,记下飞机的客户有效性代码为____;<br>(2)风挡防水涂层是防冰排雨系统内容,按照 ATA 100 规范,应查找 Chapter 30 - Ice And Rain Protection;<br>(3)打开 30 章目录查找风挡防水涂层章节<br>Section 30 - 43 - _____;<br>(4)找到风挡防水涂层维护实施的任务工卡为:<br>Task30 - 43 - ___ - ___ - Hydrophobic Coating Maintenance Practices;<br>(5)阅读以上工卡,在 Prepare for the Procedure 中找到应断开的跳开关信息并填到下面的表格:<br><br>CAPT Electrical System Panel, P18 - 3<br><br>| Row | Col | Number | Name |<br>|---|---|---|---|<br>|  |  |  |  |<br>|  |  |  |  |<br>|  |  |  |  |<br><br>F/O Electrical System Panel, P6 - 11<br><br>| Row | Col | Number | Name |<br>|---|---|---|---|<br>|  |  |  |  |<br>|  |  |  |  |<br>|  |  |  |  |<br><br>F/O Electrical System Panel, P6 - 12<br><br>| Row | Col | Number | Name |<br>|---|---|---|---|<br>|  |  |  |  |<br>|  |  |  |  |<br>|  |  |  |  | |  |  |
| 4.结束工作<br>Close Out | 工作者<br>Mechanic | 检查者<br>Inspector |
| (1)填写查询结果,保存工卡到指定文件夹,工卡的文件名为班级+学号+姓名;<br>(2)关闭所有手册页面和软件并关机;<br>(3)清扫现场 |  |  |
| End Of Task | | |

工卡2:

| 工卡标题<br>Title | AMM 查询任务——副翼的检查 | | | |
|---|---|---|---|---|
| 工卡编号<br>TC No. | | 版本<br>Revision | | |
| 机型<br>A/C Type | B737-600/700/800 | 飞机注册号<br>Reg. No. | B-2999 | |
| 区域<br>Zone | 飞机维修手册查询及 CBT 实训室 | 工时(学时)<br>Working Hours | 2 | |
| 参考文件<br>Ref. | B737-600/700/800 飞机维修手册 AMM | | | |
| 注意事项<br>Cautions | (1)课前按要求熟悉相关的专业英语词汇；<br>(2)课前了解 ATA 100 规范，熟悉 ATA 各章对应的内容；<br>(3)核实飞机有效性，选用正确的手册；<br>(4)课前熟悉不同页码段对应的维修内容 | | | |
| 编写<br>Edited By | | 审核<br>Examined By | | 批准<br>Approved By |
| 日期<br>Date | | 日期<br>Date | | 日期<br>Date |

| 工具/设备/材料 Tool/Equipment/Material | | | | 工作者<br>Mechanic | 检查者<br>Inspector |
|---|---|---|---|---|---|
| 名称 | 规格 | 单位 | 数量 | | |
| 计算机 | N/A | 台 | 1 | | |
| 手册 | B737-600/700/800 手册大全 | 套 | 1 | | |
| 翻译软件 | 英文翻译软件，如有道翻译 | 个 | 1 | | |
| 阅读器软件 | PDF 阅读器，如 Adobe Reader | 个 | 1 | | |
| 1. 工作任务<br>Task | | | | 工作者<br>Mechanic | 检查者<br>Inspector |
| 检查发现 B-2999 飞机副翼的铰链连接有磨损，通过查询 AMM 找到副翼铰链元件的磨损极限并决定相关铰链元件是否需要更换 | | | | | |
| 2. 工作准备<br>Preparation | | | | 工作者<br>Mechanic | 检查者<br>Inspector |

1)准备好计算机及软件

(1)能流畅运行办公软件的计算机 1 台；

(2)计算机安装有英语翻译软件及 PDF 阅读器。

2)计算机备有本次任务相关的 B737-600/700/800 手册

续表

| 3. 工作步骤<br>Procedure | 工作者<br>Mechanic | 检查者<br>Inspector |
|---|---|---|
| (1)打开 FM 文件，核实 B－2999 飞机有效性，并记下飞机的客户有效性代码为_____；<br>(2)按照 ATA 100 规范，副翼属于飞行操纵系统内容，应查找第___章 FLIGHT CONTROLS；<br>(3)打开该章目录查找副翼章节<br>Section ____－____－Aileron And Aileron Trim Control System；<br>(4)找到副翼检查任务的工卡为：<br>Task ____－____－____－____－Aileron Inspection<br>(5)阅读以上工卡，在拆卸程序中找到相关元件的磨损极限并填写以下内容：<br>1 号铰链的衬套(♯1 Bushing)允许磨损后的最大内径 Permitted Maximum I. D. Of Worn Part 是_____inch(_____mm)；现在测量到该衬套的内径为0.251 5 inch，所以该衬套是否需要更换？（在正确的选项前打√）<br>□需要<br>□不需要<br>□信息不足，不能判断 | | |
| 4. 结束工作<br>Close Out | 工作者<br>Mechanic | 检查者<br>Inspector |
| (1)填写查询结果，保存工卡到指定文件夹，工卡的文件名为班级＋学号＋姓名；<br>(2)关闭所有手册页面和软件并关机；<br>(3)清扫现场 | | |
| End Of Task | | |

## 模块 3　飞机维护手册(AMM)的使用

工卡 3：

| 工卡标题 Title | AMM 查询任务——内侧后缘襟翼的安装 | | | |
|---|---|---|---|---|
| 工卡编号 TC No. | | 版本 Revision | | |
| 机型 A/C Type | B737-600/700/800 | 飞机注册号 Reg. No. | B-2991 | |
| 区域 Zone | 飞机维修手册查询及 CBT 实训室 | 工时(学时) Working Hours | 2 | |
| 参考文件 Ref. | B737-600/700/800 飞机维修手册 AMM | | | |
| 注意事项 Cautions | (1)课前按要求熟悉相关的专业英语词汇；<br>(2)课前了解 ATA 100 规范，熟悉 ATA 各章对应的内容；<br>(3)核实飞机有效性，选用正确的手册；<br>(4)课前熟悉不同页码段对应的维修内容 | | | |
| 编写 Edited By | | 审核 Examined By | | 批准 Approved By |
| 日期 Date | | 日期 Date | | 日期 Date |

| 工具/设备/材料 Tool/Equipment/Material | | | | 工作者 Mechanic | 检查者 Inspector |
|---|---|---|---|---|---|
| 名称 | 规格 | 单位 | 数量 | | |
| 计算机 | N/A | 台 | 1 | | |
| 手册 | B737-600/700/800 手册大全 | 套 | 1 | | |
| 翻译软件 | 英文翻译软件，如有道翻译 | 个 | 1 | | |
| 阅读器软件 | PDF 阅读器，如 Adobe Reader | 个 | 1 | | |
| 1. 工作任务 Task | | | | 工作者 Mechanic | 检查者 Inspector |
| 通过查询 AMM 了解内侧后缘襟翼的安装需要的工具设备及耗材 | | | | | |
| 2. 工作准备 Preparation | | | | 工作者 Mechanic | 检查者 Inspector |

1)准备好计算机及软件
　(1)能流畅运行办公软件的计算机 1 台；
　(2)计算机安装有英语翻译软件及 PDF 阅读器。
2)计算机备有本次任务相关的 B737-600/700/800 手册

续表

| 3. 工作步骤<br>Procedure | 工作者<br>Mechanic | 检查者<br>Inspector |
|---|---|---|
| (1)打开 FM 文件,核实 B－2991 飞机有效性,并记下飞机的客户有效性代码为_____;<br>(2)按照ATA 100规范,内侧后缘襟翼的安装属于飞行操纵系统内容,应查找第____章 Flight Controls;<br>(3)打开该章目录查找后缘襟翼的章节<br>Section____－____－Trailing Edge Flap System;<br>(4)找到安装内侧后缘襟翼的任务工卡为:<br>Task____－____－____－____－____－Inboard Trailing Edge Flap Installation;<br>(5)阅读以上工卡,在拆卸程序中找到工具设备信息和耗材信息并填入以下表格:<br><br>安装内侧后缘襟翼所需要的工具设备<br><br>| Reference | Description |<br>|---|---|<br>|  |  |<br>|  |  |<br>|  |  |<br><br>安装内侧后缘襟翼所需要的耗材<br><br>| Reference | Description | Specification |<br>|---|---|---|<br>|  |  |  |<br>|  |  |  |<br>|  |  |  |<br>|  |  |  | |  |  |
| 4. 结束工作<br>Close Out | 工作者<br>Mechanic | 检查者<br>Inspector |
| (1)填写查询结果,保存工卡到指定文件夹,工卡的文件名为班级＋学号＋姓名;<br>(2)关闭所有手册页面和软件并关机;<br>(3)清扫现场 |  |  |
| End Of Task | | |

## 模块 3　飞机维护手册(AMM)的使用

工卡 4：

| 工卡标题<br>Title | AMM 查询任务——液压系统外部泄漏的检查 | | | |
|---|---|---|---|---|
| 工卡编号<br>TC No. | | 版本<br>Revision | | |
| 机型<br>A/C Type | B737-600/700/800 | 飞机注册号<br>Reg. No. | B-2992 | |
| 区域<br>Zone | 飞机维修手册查询及 CBT 实训室 | 工时(学时)<br>Working Hours | 2 | |
| 参考文件<br>Ref. | B737-600/700/800 飞机维修手册 AMM | | | |
| 注意事项<br>Cautions | (1)课前按要求熟悉相关的专业英语词汇；<br>(2)课前了解 ATA 100 规范，熟悉 ATA 各章对应的内容；<br>(3)核实飞机有效性，选用正确的手册；<br>(4)课前熟悉不同页码段对应的维修内容 | | | |
| 编写<br>Edited By | | 审核<br>Examined By | | 批准<br>Approved By |
| 日期<br>Date | | 日期<br>Date | | 日期<br>Date |

| 工具/设备/材料 Tool/Equipment/Material | | | | 工作者<br>Mechanic | 检查者<br>Inspector |
|---|---|---|---|---|---|
| 名称 | 规格 | 单位 | 数量 | | |
| 计算机 | N/A | 台 | 1 | | |
| 手册 | B737-600/700/800 手册大全 | 套 | 1 | | |
| 翻译软件 | 英文翻译软件,如有道翻译 | 个 | 1 | | |
| 阅读器软件 | PDF 阅读器,如 Adobe Reader | 个 | 1 | | |

| 1. 工作任务<br>Task | 工作者<br>Mechanic | 检查者<br>Inspector |
|---|---|---|
| 检查发现 B-2992 飞机的左侧 EDP 传动轴密封处有泄漏,通过查询 AMM 找到泄漏的限制标准,并判断该处泄漏是否需要马上维护 | | |

| 2. 工作准备<br>Preparation | 工作者<br>Mechanic | 检查者<br>Inspector |
|---|---|---|
| 1)准备好计算机及软件<br>　(1)能流畅运行办公软件的计算机 1 台；<br>　(2)计算机安装有英语翻译软件及 PDF 阅读器。<br>2)计算机备有本次任务相关的 B737-600/700/800 手册 | | |

续表

| 3. 工作步骤<br>Procedure | 工作者<br>Mechanic | 检查者<br>Inspector |
|---|---|---|
| (1)打开 FM 文件，核实 B-2992 飞机有效性；<br>(2)按照 ATA 100 规范，液压系统内容应查找第 29 章_____；<br>(3)打开 29 章目录查找 Section 29-00-Hydraulic Power；<br>(4)找到任务液压系统外部泄漏检查的任务工卡为：<br>Task 29-00-____-____-____-Hydraulic System External Leakage Check；<br>(5)阅读以上工卡，找到液压油泄漏限制标准 Table 601/29-00-00-993-804 Hydraulic Fluid Leakage Limits，查出发动机驱动泵 Engine-Driven Pump 传动轴动态密封 Dynamic seals 的泄漏限制标准：<br>正常操作限制 Normal Operation Limits 是每分钟_____滴，避免延误的放行限制 Dispatch Limits To Avoid Delay 是每分钟_____滴；<br>B-2992 飞机的发动机驱动泵传动轴密封处测到每分钟 40 滴的泄漏量，此处泄漏是否需要维护处理？（在正确选项前打√）<br>□需要<br>□不需要<br>根据避免延误的放行限制 Dispatch Limits To Avoid Delay，如果现在需要此飞机马上执行航班，能否暂时不处理此处泄漏，先放行飞机？（在正确选项前打√）<br>□可以放行，但是应尽快处理此处泄漏<br>□不可以放行，必须马上处理此处泄漏 | | |
| 4. 结束工作<br>Close Out | 工作者<br>Mechanic | 检查者<br>Inspector |
| (1)填写查询结果，保存工卡到指定文件夹，工卡的文件名为班级＋学号＋姓名；<br>(2)关闭所有手册页面和软件并关机；<br>(3)清扫现场 | | |
| End Of Task | | |

模块 3　飞机维护手册(AMM)的使用

工卡 5：

| 工卡标题<br>Title | AMM查询任务——引气隔离活门操作试验 | | | | | |
|---|---|---|---|---|---|---|
| 工卡编号<br>TC No. | | | 版本<br>Revision | | | |
| 机型<br>A/C Type | B737-600/700/800 | | 飞机注册号<br>Reg. No. | | B-2658 | |
| 区域<br>Zone | 飞机维修手册查询及CBT实训室 | | 工时(学时)<br>Working Hours | | 2 | |
| 参考文件<br>Ref. | B737-600/700/800飞机维修手册AMM | | | | | |
| 注意事项<br>Cautions | (1)课前按要求熟悉相关的专业英语词汇；<br>(2)课前了解ATA 100规范，熟悉ATA各章对应的内容；<br>(3)核实飞机有效性，选用正确的手册；<br>(4)课前熟悉不同页码段对应的维修内容 | | | | | |
| 编写<br>Edited By | | 审核<br>Examined By | | | 批准<br>Approved By | |
| 日期<br>Date | | 日期<br>Date | | | 日期<br>Date | |
| 工具/设备/材料 Tool/Equipment/Material | | | | | 工作者<br>Mechanic | 检查者<br>Inspector |
| 名称 | 规格 | | 单位 | 数量 | | |
| 计算机 | N/A | | 台 | 1 | | |
| 手册 | B737-600/700/800手册大全 | | 套 | 1 | | |
| 翻译软件 | 英文翻译软件，如有道翻译 | | 个 | 1 | | |
| 阅读器软件 | PDF阅读器，如Adobe Reader | | 个 | 1 | | |
| 1.工作任务<br>Task | | | | | 工作者<br>Mechanic | 检查者<br>Inspector |
| 通过查询AMM了解引气隔离活门操作试验的程序 | | | | | | |
| 2.工作准备<br>Preparation | | | | | 工作者<br>Mechanic | 检查者<br>Inspector |
| 1)准备好计算机及软件<br>　(1)能流畅运行办公软件的计算机1台；<br>　(2)计算机安装有英语翻译软件及PDF阅读器。<br>2)计算机备有本次任务相关的B737-600/700/800手册 | | | | | | |

续表

| 3. 工作步骤<br>Procedure | 工作者<br>Mechanic | 检查者<br>Inspector |
|---|---|---|
| (1) 打开 FM 文件，查找核实 B-2658 飞机有效性，并记下该飞机的客户有效性代码为 _____ ；<br>(2) 按照 ATA 100 规范，引气系统内容应查找 Chapter 36 - Pneumatic；<br>(3) 引气隔离活门是引气总管系统的部件，打开 36 章目录查找相应的章节 Section 36-31- _____ ；<br>(4) 找到引气隔离活门操作试验的任务工卡：<br>    Task 36-13-00-710-801- _____ ；<br>(5) 阅读以上工卡，补全以下信息：<br>进行隔离活门的操作测试 Do the Operational Test of the Isolation Valve；<br>子任务 36-13-00-860-004<br>① 将 P5-10 顶板上的 Isolation Valve（隔离活门）电门设到 _____ 位；<br>   确保隔离活门目视位置指示器移动到 _____ 位；<br>   注：接近该隔离活门是受到限制的。可能需要用手电筒和镜子来观察位置指示器。<br>   子任务 36-13-00-860-005<br>② 将 P5-10 顶板上的 ISOLATION VALVE 电门设到 _____ 位；<br>   确保隔离活门位置指示器移动到 _____ 位；<br>   注：接近该隔离活门是受到限制的。可能需要用手电筒和镜子来观察位置指示器。<br>   子任务 36-13-00-860-006<br>③ 将 Isolation Valve 电门放到 _____ 位置；<br>   子任务 36-13-00-860-007<br>④ 按表格中顺序和位置设置 Pack 电门和 Bleed 电门，并确保 Isolation Valve 到达或停留在表格所示位置：Table 501/36-13-00-993-801；<br>   子任务 36-13-00-860-008<br>(5) 将 Isolation Valve 电门放到 _____ 位置；<br>   确保隔离活门位置指示器移动到 _____ 位；<br>   使飞机恢复到常规状态<br>   子任务 36-13-00-410-001 | | |

续表

| | 4.结束工作<br>Close Out | 工作者<br>Mechanic | 检查者<br>Inspector |
|---|---|---|---|
| (6)关闭这些维护盖板：<br>　编号　　　　名称/位置<br>　192CL　　　空调检查口盖<br>　192CR　　　空调检查口盖<br>　子任务 36－13－00－860－009<br>(7)执行该任务：撤除电源，任务 24－22－00－860－812；<br>结束任务 | | | |
| (1)填写查询结果，保存工卡到指定文件夹，工卡的文件名为班级＋学号＋姓名；<br>(2)关闭所有手册页面和软件并关机；<br>(3)清扫现场 | | | |
| | End Of Task | | |

工卡6：

| 工卡标题<br>Title | AMM 查询任务——主起落架空/地传感器的间隙测量 | | | |
|---|---|---|---|---|
| 工卡编号<br>TC No. | | 版本<br>Revision | | |
| 机型<br>A/C Type | B737－600/700/800 | 飞机注册号<br>Reg. No. | B－2659 | |
| 区域<br>Zone | 飞机维修手册查询及 CBT 实训室 | 工时（学时）<br>Working Hours | 2 | |
| 参考文件<br>Ref. | B737－600/700/800 飞机维修手册 AMM | | | |
| 注意事项<br>Cautions | (1)课前按要求熟悉相关的专业英语词汇；<br>(2)课前了解 ATA 100 规范，熟悉 ATA 各章对应的内容；<br>(3)核实飞机有效性，选用正确的手册；<br>(4)课前熟悉不同页码段对应的维修内容 | | | |
| 编写<br>Edited By | | 审核<br>Examined By | 批准<br>Approved By | |
| 日期<br>Date | | 日期<br>Date | 日期<br>Date | |
| 工具/设备/材料 Tool/Equipment/Material | | | 工作者<br>Mechanic | 检查者<br>Inspector |
| 名称 | 规格 | 单位 | 数量 | |
| 计算机 | N/A | 台 | 1 | |
| 手册 | B737－600/700/800 手册大全 | 套 | 1 | |
| 翻译软件 | 英文翻译软件，如有道翻译 | 个 | 1 | |
| 阅读器软件 | PDF 阅读器，如 Adobe Reader | 个 | 1 | |
| 1. 工作任务<br>Task | | | 工作者<br>Mechanic | 检查者<br>Inspector |
| 通过查询 AMM 了解主起落架空/地传感器的间隙测量程序并记下间隙公差 | | | | |
| 2. 工作准备<br>Preparation | | | 工作者<br>Mechanic | 检查者<br>Inspector |

续表

| | | |
|---|---|---|
| 1)准备好计算机及软件<br>　(1)能流畅运行办公软件的计算机 1 台；<br>　(2)计算机安装有英语翻译软件及 PDF 阅读器。<br>2)计算机备有本次任务相关的 B737 – 600/700/800 手册 | | |
| 3. 工作步骤<br>Procedure | 工作者<br>Mechanic | 检查者<br>Inspector |
| (1)打开 FM 文件,核实 B – 2659 飞机有效性,记下飞机的客户有效性代码为＿＿；<br>(2)空/地传感器是起落架系统部件,按照 ATA 100 规范,应查找 Chapter 32 – ＿＿＿＿＿＿；<br>(3)打开该章目录查找空/地系统章节 Section 32 – 09 – ＿＿＿；<br>(4)找到主起落架空/地传感器间隙测量的任务工卡为:Task 32 – 09 – ＿＿ – ＿＿ – ＿ – Main Landing Gear Air/Ground Sensor Clearance Measurement；<br>(5)阅读以上工卡,找到包含间隙公差信息的图 501 并将图片粘贴到以下空白处；<br><br><br>(6)从图 501 中找到主起落架空/地传感器间隙的公差为＿＿＿＿＿ inch(＿＿＿＿＿＿ mm) | | |
| 4. 结束工作<br>Close Out | 工作者<br>Mechanic | 检查者<br>Inspector |
| (1)填写查询结果,保存工卡到指定文件夹,工卡的文件名为班级＋学号＋姓名；<br>(2)关闭所有手册页面和软件并关机；<br>(3)清扫现场 | | |
| End Of Task | | |

# 模块 4　图解零部件目录（IPC）的使用

## 4.1　图解零部件目录的结构

在民用航空器上使用的图解零部件目录（IPC）是由波音商用飞机集团的维护与工程技术服务部出版，图解零部件目录（IPC）符合美国航空运输协会 ATA 100 技术规范，图解零部件目录（IPC）是一本客户化的手册，它包括飞机上的所有零部件的件号，用于航线维护人员对飞机上的标准件的识别、确认、更换、识别和查找，用于航材部门的定货、存储和发料，在维护工作中配合飞机维护手册使用。

图解零部件目录的内容是按照 ATA 100 规范和 ATA 2200 规范进行编写的，图解零部件目录的章节是按照 ATA 100 规范进行编排。图解零部件目录分为前言（Front Matter），见表 4-1，和飞机系统章节 ATA 21—ATA 80 章两部分。

表 4-1　前言介绍

| 序号 | 英文 | 译文 |
| --- | --- | --- |
| 1 | REVISION TRANSMITTAL LETTER | 改版传送的信函 |
| 2 | REVISION TRANSMITTAL | 改版传送 |
| 3 | TABLE OF CONTENTS | 表格目录 |
| 4 | INTRODUCTION | 概述 |
| 5 | EXPLANATION OF PARTS LIST DATA | 零件数据清单解释 |
| 6 | EXPLANATION OF MODULE PART LIST DATA | 模块零件数据清单解释 |
| 7 | INSTRUCTIONS TO LOCATE PART | 零件位置指示 |
| 8 | EXPLANATION OF ILLUSTRATION TECHNIQUES | 图解技巧解释 |
| 9 | AIRPLANE EFFECTIVITY CROSS REFERENCE | 飞机有效性交叉索引 |
| 10 | ZONE/INDEX DIAGRAMS | 区域/图表索引 |
| 11 | AIRPLANE SECTION BREAKDOWN/STATION DIAGRAMS | 飞机区域划分/站位图表 |
| 12 | MAJOR DRAWING NUMBERS INDEX | 大图号索引 |
| 13 | FILTER MAINTENANCE KIT LISTING | 维护滤子器材包清单 |

续表

| 序号 | 英文 | 译文 |
|---|---|---|
| 14 | SUPPLIER NAME AND ADDRESS | 供应厂商名称和地址 |
| 15 | SERVICE BULLETIN LIST | 服务通告清单 |
| 16 | MODIFICATION LIST | 改装清单 |
| 17 | MODULE CROSS REFERENCE | 件号交叉索引 |
| 18 | SPECIFICATION CROSS REFERENCE | 波音规范件对照表 |
| 19 | PART NUMBER ALPHA－NUMERICAL INDEX | 件号字母索引表 |
| 20 | PART NUMBER NUMERICAL－ALPHA INDEX | 件号数字索引表 |

## 4.2　图解零部件目录前言的介绍

IPC 以件号的形式识别每个零部件，提供图解和其他相关的信息。前言部分包括对手册使用的介绍及一些索引和清单。主要的索引与清单如下：

◆飞机适用性交叉参考；

◆主要工程图纸号索引；

◆油滤维护工作包清单；

◆供应商索引；

◆服务通告与改装清单；

◆规范号交叉索引；

◆件号交叉索引。

如图 4－1 所示为图解零部件目录。

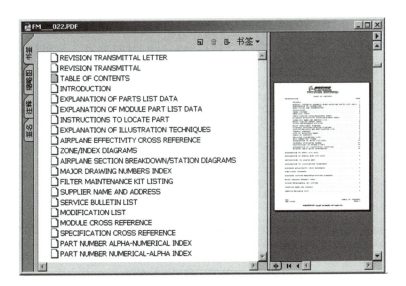

图 4－1　图解零部件目录

## 4.2.1 飞机适用性交叉参考

如图 4-2 所示为飞机适用性交叉参考,其中 Cust Effect Code 代表客户适用性代码。

```
                   AIRPLANE EFFECTIVITY CROSS REFERENCE

                         Cust                                           Cust
                  Cust   Effect  Variable   Engine    MFG               Assigned
         Model/   Effect Code    Engr       Set       Serial  Registry  Airplane
         Type     Code   Term    Number     Number    Number  Number    Ident
         737-75C  001            YA701      Y6073     29042   B-2998
                  002            YA702      Y6086     29084   B-2999
                  003            YA703      Y6090     29085   B-2991
                  004            YA704      Y6108     29086   B-2992
                  005            YA705      Y6637     30512   B-2658
                  006            YA706      Y6676     30513   B-2659
                  007            YM471      Y7703     34024   B-5212
                  008            YM481      Y7724     34025   B-5215
                  009            YM482      Y7733     34026   B-5216
                  010            YM483      Y7767     34027   B-5218
                  011            YM484      Y7771     34028   B-5219
                  012            YN531      Y9848     38381   B-5277
                  013            YN532      Y9872     38384   B-5279
                  014            YN533      Y9885     38383   B-5278
                  015    018     YN534      Y9903     38385   B-5280
         737-84P  019    020     YF048      Y9559     37425   B-5552
                  021    070     YF049      Y9594     36697   B-5551
         737-86N  071    072     YL545      Y9701     38012   B-5563
```

图 4-2 飞机适用性交叉参考

## 4.2.2 主要工程图纸号索引

如图 4-3 所示的工程图纸号套引图,列出了飞机上各主要部份和系统的工程图纸号,帮助用户查阅工程图纸。

```
                    MAJOR DRAWING NUMBERS INDEX

         001A0001     AIRPLANE COLLECTOR - MODEL 737-600/700/800/900
         001A0101     . FINAL ASSY - PRODUCT COLLECTOR
         012A8101     . . FLYAWAY - EQUIPMENT
         103A0001     . . SEALING, FINISHES AND DRAINAGE, AIRPLANE
         103A0001         INTEGRATION
         110A0001     . . WING TO BODY JOIN
         113A0001     . . MOVEABLE T.E.
         114A0010     . . SECTION 41 FINAL ASSY
         115A0005     . . FIXED T.E. TO FINAL ASSY
         116A0010     . . FIXED LEADING EDGE - FINAL ASSY
         140A0342     . . FUSELAGE FLOOR PANEL
         140A0403     . . FUSELAGE AND EMPENNAGE
         140A4406     . . FINAL INSTALLATION - SECTION 44
         140A4813     . . TAILCONE
         141A6050     . . FORWARD ENTRY DOOR - INSTALLATION
         141A6100     . . FORWARD ENTRY DOOR - ASSEMBLY
         141A6800     . . FORWARD ACCESS DOOR
         144A6300     . . EMERGENCY ESCAPE HATCH AND AUTOMATIC
         144A6300         OVERWING EXIT
         144A6400     . . EMERGENCY ESCAPE HATCH INSTL COMPONENTS
```

图 4-3 主要工程图纸号索引

### 4.2.3 油滤维护工作包清单

如图4-4所示为油滤维护工作包清单,此清单用来协助对飞机油滤的维护工作。清单中包括了工作包的件号,对应油滤的件号、工作包中的部件和数量。

```
KIT NUMBER
   FOR:_____       KIT CONTENT        QTY

63B10463-20
---------------
      RESERVOIR PRESSURIZATION MODULE AIR    NAS1611-012A        1
      FILTER                                 (OPTIONAL P/N:
                                              NAS1611-012)
      732-11240-01   (SPEC 60B00226-3)       NAS1611-115A        1
      732-11240-02   (SPEC 60B00226-5)       (OPTIONAL P/N:
      732-11240-03   (SPEC 60B00226-7)        NAS1611-115)
      732-11240-04   (SPEC 60B00226-8)       NAS1611-216A        1
      732-11240-05   (SPEC 60B00226-9)       (OPTIONAL P/N:
                                              NAS1611-216)
```

图4-4 油滤维护工作包清单

### 4.2.4 供应商索引

供应商索引给出了供应商的名称与地址,如图4-5所示。

```
              SUPPLIER NAME AND ADDRESS

                 WITH FEDERAL SUPPLY CODE


VAA001     SEE V33586

VAA002     R.S. SISTEMI OPERATIVI SRL VIA AURELIA 1311 ROMA 00166,
           ITALY

VAA003     SOCIETA' ITALIANA COMMERCIALE UTENSILI SPA VIA CESENA 15
           MILANO 20155, ITALY

VAB546     IACOBUCCI SPA LOCALITA COLLE BAIOCCO FERENTINO /FR/ 03013
           ITALY

VAB944     SERVICOM SPA VIALE SAN MARCO VECCHIO 7/6 PASSO DI TREIA
           MACERATA 62010, ITALY

VAD081     DBS AVIOPARA SERVICE SRL VIA DI MARMICETO 6C PISA
           OSPEDALETTO 56121, ITALY
```

图4-5 供应商索引

### 4.2.5 服务通告与改装清单

服务通告与改装清单列出了加入IPC中所有服务通告和改装号及其加入的时间,如图4-6

所示。

**SERVICE BULLETIN LIST**

| SB/L FSCM | SERVICE BULLETIN NUMBER | MOD FSCM | MODIFICATION NUMBER | DATE OF INCORP |
|---|---|---|---|---|
| A4147 | SB 07322-27-01 | | | FEB 10/06 |
| C1084 | SB 3410-25CR269 | | | OCT 10/05 |
| C1084 | SB 4420-25CR026 | | | OCT 10/05 |
| F0559 | SB 73-0022 | | | OCT 15/11 |
| F1976 | SB 75-0004 | | | OCT 15/11 |
| F1976 | SB 75-0025 | | | OCT 15/11 |
| F6137 | SB C24937-75-002 | | | JUN 15/09 |
| S3960 | SB 72-0065 | | | OCT 15/11 |
| U1653 | SB 72-0044 | | | OCT 15/11 |
| *U1653 | SB 72-0067 | | | FEB 15/12 |
| U1653 | SB 72-055R1 | | | JAN 10/00 |

**MODIFICATION LIST**

| MOD FSCM | MODIFICATION NUMBER | SB/L FSCM | SERVICE BULLETIN NUMBER | DATE OF INCORP |
|---|---|---|---|---|
| AAT | E0737-29SB-2792 | | | OCT 10/06 |
| *CQT | MCR243744 | | | FEB 15/12 |
| SM308 | SR 1-1622759340 | | | JUN 15/11 |

图 4-6 服务通告与改装清单

## 4.2.6 规范号交叉索引

规范号交叉索引体现了波音规范号和对应供应商件号的相互参照,如图 4-7 所示。

**SPECIFICATION NUMBER SEQUENCE**

| SPECIFICATION NUMBER | SUPPLIER CODE | SUPPLIER PART NUMBER |
|---|---|---|
| BACC45FN10-5P | 02660 | 48-10R10-5P |
| BACP30F4 | 29965 | SMS20219-4 |
| BACP30F7 | 29965 | SMS20220-2 |
| BACP30F8 | 29965 | SMS20220-3 |
| BACP30F9 | 29965 | SMS20220-4 |
| BACP30J4 | 25337 | R30F4 |
| BCREF10439 | 2N936 | 293D035 |
| BCREF10440 | 2N936 | 293D051 |
| BCREF10442 | 17554 | BCREF17574 |
| BCREF10597 | 2N936 | 293D050 |
| BCREF10598 | 2N936 | 293D058 |
| BCREF10599 | 2N936 | 293D038 |
| BCREF10600 | 2N936 | 293D045 |
| BCREF10605 | 2N936 | 293D032 |
| BCREF10720 | 2N936 | 293D028 |
| BCREF10721 | 2N936 | 293D056 |

图 4-7 规范号交叉索引

## 4.2.7 件号交叉索引

有两张件号交叉索引表(以字母为序和以数字为序),给出所有在IPC中出现的零部件的件号及其所对应的章节、图号和项目号,如图4-8所示。

| PART NUMBER CH-SECT-UNIT-FIG-ITEM | TTL. REQ. | PART NUMBER CH-SECT-UNIT-FIG-ITEM | TTL. REQ. | PART NUMBER CH-SECT-UNIT-FIG-ITEM | TTL. REQ. | PART NUMBER CH-SECT-UNIT-FIG-ITEM | TTL. REQ. | PART NUMBER CH-SECT-UNIT-FIG-ITEM | TTL. REQ. |
|---|---|---|---|---|---|---|---|---|---|
| AABREP3M4 | | AA7693-128D1A | | ABR3M110 | | ABR4M104 | | ABW10V5-12C | |
| 22-11-29 01    28 | AR | 29-11-61 01    305 | 1 | 52-31-51 02    65 | RF | 22-11-26 01    95 | RF | 54-51-51 08    485 | RF |
| AACREP4H6FS570 | | 29-11-61 01    805 | 1 | 52-31-51 02B   75 | RF | ABR4M104B | | 54-51-51 08    590 | RF |
| 32-44-11 06    30 | 1 | AA7693-128D2A | | 52-31-51 03    60 | RF | 22-11-25 01    35 | RF | 54-51-51 08B   555 | RF |
| 32-44-11 06    65 | 1 | 29-11-61 01    190 | 1 | ABR3M112 | | 22-11-25 01    65 | RF | 54-51-51 08B   675 | RF |
| 32-44-11 06    120 | 8 | 29-11-61 01    690 | 1 | 27-41-51 01    40 | RF | 22-11-26 01    45 | RF | 57-12-00 05    325 | RF |
| AACREP4H8FS570 | | AA820-04 | | 27-41-51 02    40 | RF | 22-11-26 01    95 | RF | 57-12-00 33    140 | RF |
| 27-31-34 04    175 | AR | 27-41-51 02    363 | 1 | ABR3M3G | | ABR4M119 | | ABW10V5C | |
| 27-31-34 08    180 | AR | 52-61-10 62A   95 | AR | 52-31-51 01    45 | | 27-61-21 02    65 | RF | 57-12-00 05    325 | 2 |
| AACREP4M4-3 | | AA821-08 | | 27-41-51 02    45 | | 27-61-21 02    125 | RF | 57-12-00 33    140 | 2 |
| 27-59-01 01    110 | RF | 52-61-10 62A   101 | 2 | 52-31-51 02    65 | RF | 32-44-11 06    45 | RF | ABW12-101 | |
| 27-59-01 01    110 | 2 | AA821-10 | | 52-31-51 02B   75 | RF | 32-44-11 06    80 | RF | 52-11-51 09    75 | RF |
| 27-59-01 02    90 | RF | 52-61-10 54A   11 | 1 | 52-31-51 03    60 | RF | ABR4M120 | | 52-11-51 09    90 | RF |
| 27-59-01 02    90 | 2 | 52-61-10 55A   185 | 2 | ABR3M5013WGL | | 21-51-03 01    130 | | ABW12V5-12 | |
| 27-59-01 03    95 | RF | 52-61-10 60    300 | 4 | 32-51-52 03    165 | 1 | 21-51-03 01A   150 | | 32-71-00 01    140 | 1 |
| 27-59-01 03    95 | 2 | 52-61-10 62A   104 | | 32-51-52 03    165 | RF | 21-51-03 01A   185 | | ABW16-101 | |
| 27-59-01 04    115 | RF | AA832-06 | | 32-51-52 03    165 | | 21-51-03 01A   220 | | 52-11-51 03    35 | RF |
| 27-59-01 04    115 | 2 | 52-61-10 62A   98 | AR | ABR3M5013WGP | | 27-11-24 02    65 | | 52-11-51 03    85 | RF |
| 27-59-01 05    110 | RF | ABC57021 | | 32-51-52 03    165 | | 27-51-61 01    385 | | 52-11-51 03    125 | RF |
| 27-59-01 05    110 | 2 | 30-41-00 01    105 | AR | 32-51-52 03    165 | 1 | 27-51-61 01    487 | | 52-11-51 03    160 | RF |
| AACREP4S6-3 | | 30-41-00 01A   105 | | 32-51-52 03    165 | RF | 27-51-61 01A   370 | | 52-11-51 03A   35 | RF |
| 27-59-01 01    80 | RF | 30-41-00 02    105 | AR | ABR3M5014WGL | | 27-51-61 01A   490 | | 52-11-51 03A   85 | RF |

图4-8 件号交叉索引

## 4.3 图解零部件目录章节内容的介绍

飞机的有效性清单、有效性页清单、改版纪录、临时改版纪录和服务通告清单在本教材的模块2常用技术文件通用内容介绍中已经做出了介绍,上述内容所有的技术手册完全相同,在这一节不再重复介绍,对于维修工程技术人员在维修工作中不经常使用的内容这里不再介绍。

### 4.3.1 详细零件清单的件号缩进系统

在民用航空器上,详细件号清单(DPL)中的件号缩进系统使用数字显示一个部件与其他部件之间的关系,根据项目号数字定义安装在该部件上的更高一级别的组件或零件,其结构如下:
1 2 3 4 5 6 7 安装
- 详细部件安装
- 装配
- 辅助部件装配

————————————

· · 详细下一部件装配

· · 下一部件装配

· · 辅助下一部件装配

————————————

· · · 详细下一部件装配

· · · 下一部件的下一部件装配

· · · 辅助下一部件的下一部件装配

详细的下一部件装配以此类推不再介绍。

### 4.3.2 详细零件清单的结构和说明

详细零件清单是图解零部件目录中最重要的部分,它记述了所有零件的必要信息,是查找的最终目标。如图4-9所示,清单由五列内容组成,第一列为图号/项目号栏(FIG ITEM),此例中图号是8,图88B上的项目号是263,图号/项目号与安装图纸上的标识是完全对应的;第二列为件号栏(PART NUMBER),件号可能是航空器制造厂商提供的件号,也可能是部件造厂商提供的件号或标准件件号等,此例中的件号是 HL1012AZ16-22;第三列为命名解释栏(NOMENCLATURE),说明该图或零件的名称、装配信息、供应厂商代码、供应厂商件号、设备编号、其他手册参考章节和与其相关的信息等,同时还提供了件号缩进系统编码标识,此例中零件的名称是螺栓,供应商代码是 VOPTK6;第四列为有效性栏(EFFECT FROM TO)解释了适应某些部分或全部此机型的飞机,此例适用于001—002和004—010 部分航空器,其他航空器不适用,如果此栏中空白说明适应全部此机型的飞机;第五列数量栏安装数量(UNITS PER ASSY),此例中这种螺栓在航空器中安装1个。详细叙述图解零部件目录(IPC)的部件清单中的内容,见以下所列标号与例图。

模块 4　图解零部件目录(IPC)的使用

**BOEING**
**737-600/700/800/900**
PARTS CATALOG (MAINTENANCE)

| FIG ITEM | PART NUMBER | 1 2 3 4 5 6 7　　NOMENCLATURE | EFFECT FROM　TO | UNITS PER ASSY |
|---|---|---|---|---|
| 8 263 | HL1012AZ16-22 | .BOLT-<br>　SUPPLIER CODE:<br>　　V0PTK6<br>　SPECIFICATION NUMBER:<br>　　BACB30NX16K22<br>　OPTIONAL PART:<br>　　HL12VAZ16-22<br>　　V73197<br>　　HL12VAZ16-22<br>　　V92215<br>　　L802-16K22<br>　　V06725<br>　　HL12VAZ16-22<br>　　V97928<br>　　HL12VAZ16-22<br>　　V56878<br>　　HL1012AZ16-22<br>　　V06725<br>　　HL1012AZ16-22<br>　　V06950<br>　　HL1012AZ16-22<br>　　V17446<br>　　HL1012AZ16-22<br>　　V56878<br>　　HL1012AZ16-22<br>　　V60516<br>　　HL1012AZ16-22<br>　　V73197<br>　　HL1012AZ16-22<br>　　V97928 | 001002<br>004010 | 1 |

ILLUSTRATION ITEMS NOT ON PARTS LIST ARE NOT APPLICABLE

− ITEM NOT ILLUSTRATED

**54-51-51-08**

SHG
BOEING PROPRIETARY - Copyright ® - Unpublished Work - See title page for details.

54-51-51
FIG. 08
PAGE 24
OCT 15/08

图 4-9　详细零件清单结构

图4-10至图4-15中所标序号的意义对应如下。

标号1：图号用于表示确定飞机某特定部分的图示和零件清单，图号显示在图示标题处，在每页零件清单顶部图号栏内第一个项目号左侧，图号还显示在每个适用页的页脚处，此例图号为33。

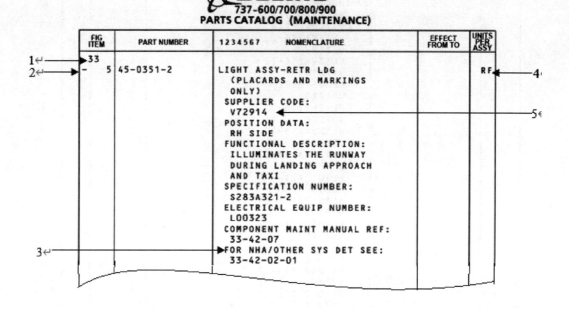

图4-10　详细零件清单说明1

标号2：项目号与图示中零件的项目号相对应，项目号前的横线(-)表示该部件未在图中显示，如"为用户特制目录的说明"中所描述的：部件清单中缺少的项目号是不适用的部件，此例项目号为-5，代表不适用此航空公司机群。

标号3：NHA(高一级组件)交叉参考目录的位置，在那里有该装置或组件的详细内容。

标号4：每一组件的单位数量(UPA)表示用于高一级组件的零件数量。下面的个数与IPC中列出的数值不同："RF"（参考）表示该部件列在NHA的参考位置；NHA的位置由NHA交叉参考(标号3)给出，"AR"(按需要)表示当该部件安装时的数量，此例是RF表示该部件列在NHA的参考位置，还有的是AR或数字，表示按需要或具体安装数量。

标号5：供应商代码为5位的数字代码，其表明零件的生产厂商，在"NOMENCLATURE"(名称)栏内供应商部件号之后标明供应商代码；供应商代码摘录自"目录手册H4/H8，CAGE(商业和政府机构)，NATO(北大西洋公约组织)为制造商提供的代码。"如果CAGE或NSCM

(NATO 为制造商提供的代码)手册中没有供应商代码,则由波音指定;"供应商名称和地址索引"中提供了与供应商代码对应的供应商名称和地址,此例是 V72914 代表供应厂商的代码,我们可以通过 V72914 供应厂商的代码,找到供应厂商的名称、地址和联系方式等方面的信息。

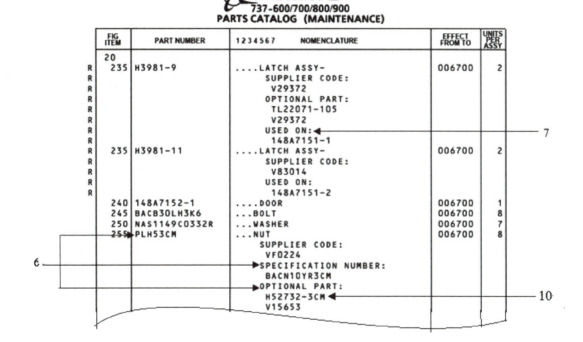

图 4-11　详细零件清单说明 2

标号 6:经波音规范鉴定的零件号是由波音指定的号码;这个号码详细规定了生产商生产此部件时,所有必须具备的性能。当生产商零件未经鉴定时,波音规范在 Part Number 栏内纪录。当生产商零件被波音规范鉴定时,Part Number 栏内显示生产商部件号而波音规范号在 NoMENCLATURE 栏显示,其他鉴定后的生产商件号作为备用件号记录在 NOMENCLATURE 栏内;此例中件号为 PLH53CM 是波音规范标准件号,供应厂商件号是 VF0224,其第一替代件号为 BACN10YR3CM,第二顺序替代件号是 H52732-3CM 或 V15653。

标号 7:适用范围为在 NOMENCLATURE 栏内的"USED ON",字样表示该零件适用于唯一的上一级组件,且在后面标注该组件的件号,此例为零件此件号只能用于 148A7151-1。

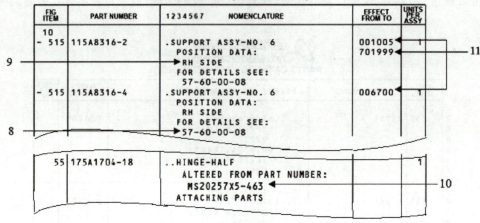

图 4-12　详细零件清单说明 3

标号 8：详细内容表示参考内容的位置，在那里装置或组件被分解成其零部件的状态，此部件参考 57-50-00-08 中所示。

标号 9：位置数据说明部件的安装位置，通常包括站位、区域位置信息或实际的安装位置信息，此例中配电板安装在左侧或右侧。

标号 10：替代件号是一个已知部件具有其他替代件号，原来的件号与新件号仅有很小的变动，此例说明 175A1704-18 是由 MS20257X5-463 基础上改装而来，部件 175A1704-18 与部件 MS20257X5-463 之间有所区别。

标号 11：有效性表示使用部件的飞机受到限制，而且部件仅适用于特定的一系列飞机，部件的适用性表示飞机可以使用与给出的有效性相对应的部件，因此适用性表示有效性及可互换性。适用的飞机用 6 位数字代码表示：前 3 位数字表示可以安装该部件的第一架飞机，后三位数字表示最后一架飞机。例如："001007"表示零件适用于 1 至 7 号飞机，当此栏中没有记录时，表示部件适用于 IPC 中所有的飞机。可参照 IPC 中飞机有效性交叉参考部分来确定飞机的有效范围。当有设计更改时，将在 NOMENCLATURE 栏内标注有效性的可互换性条件。IPC 中有可互换性标志的零件之间的关系按以下方式确定：更换或被更换（Replaces Or Repl by）表示零件（或部件）在物理性和功能性方面的可互换性，可以使用 May Use 表示根据所含零件向前或向后存在单项可互换性；与…同（T/W）表示零件必须与具有互换性的主要部件一同更换，可互换性按照标注完成。此例的 001005 代表此件适用于 001—005 飞机，701999 代表此件适用于 701—999 飞机，006700 代表此件适用于 006—700 飞机。

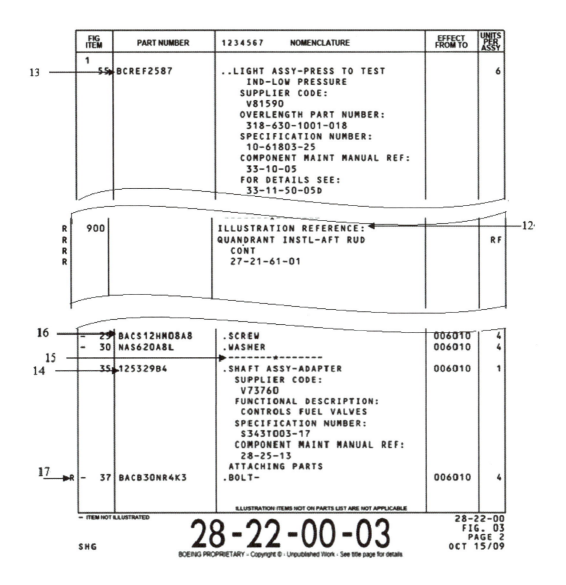

图 4-13 详细零件清单说明 4

标号 12：参考图解表示与零件功能有关的图，为了辨别这是一份参考图解，图中零件以分解图形式画出。这个参考图中列举了管路的安装；此例项目号 900 图示参考 36-42-13-02 所示。

标号 13：所有超过 15 位数的超长部件号都被指定一个波音公司参考 BCREF 件号，BCREF 件号在 PART 栏内记录，而超长件号在 NOMENCLATURE 栏内记录。当部件无件号时，也为部件指定一个 BCREF 件号；此例 BCREF2587 是超长波音件号 318-630-1001-018 的参考件号。

标号 14：如果组件中的分部件不是航线可维修部件，则 IPC 中不包含此分部件的拆卸程序；当出现一个设计更改，而没有组件的拆卸资料时，在 IPC 中该组件的件号前就有 Temporary Breakdown(临时拆卸)标志；当前组件拆下的部件可用于新组件；当 IPC 中包含了实际拆卸信息时，Temporary Breakdown 标志就被撤去。供应商组件的可维修部件摘录于适用的供应商技术数据，也就是部件维修手册(CMM)/大修手册；IPC 中包括供应商技术数据中受影响的更换信息。为了更换信息中表达内容的准确性，可参见适用的供应商技术数据。当发动机制造厂的发动机部件包括术语时，适用的服务通告可用于确定 SB 中部件的可互换性，或者对部件做工作。在一定条件下，发动机制造厂的发动机部件可以作为整体部件互换。这种部件的 NOMENCLATURE 栏内标明 For Intrchg See-IPC，用于识别确定互换性的发动机制造商的 IPC。此例航线可更换件的子部件是 125329B4。

标号 15：连接部件为紧接着一个项目后列有该项目连接的部件，在部前面有短语"Attaching Parts"后面以符号"—— * ——"结尾。

标号 16：波音标准件号以前缀 BAC 字样标识，当供应商部件未被鉴定时，波音标准件号在件号栏内显示。当等效的供应商部件经过鉴定时，在部件号栏内显示供应商部件，而波音标准件号和其他等效的供应商件号作为可选择的件号在 NOMENCLATURE 栏内显示，若一个波音标准件号在部件清单内未列出供应商部件号，则参见波音标准手册(D-590)，波音对供应商件号的交叉索引或供应商信息的特殊标准页。此例 NAS620A8L 是美国航空标准件件号，BACS12HM08A8 是波音标准件件号，如果是 ANXXXXX 则为空军海军标准件件号，如果是 MSXXXXX 则为美国陆军标准件件号。

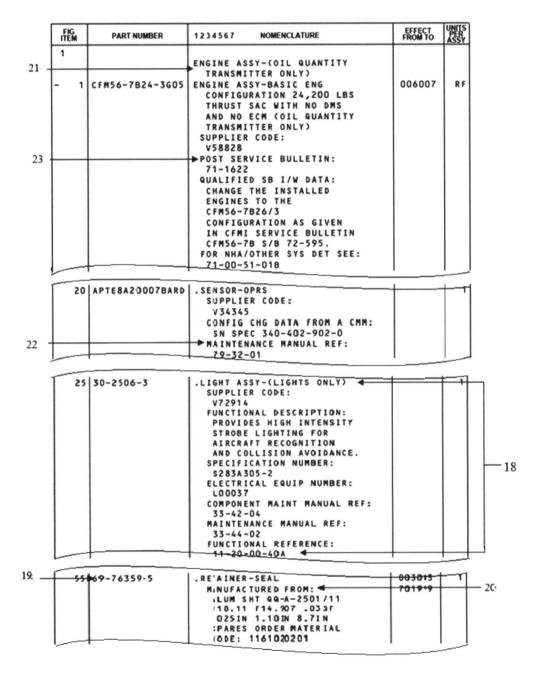

图 4-14 详细零件清单说明 5

标号 17:更改的数据所在行前面有更改标记,一个字"R"表示所指的行在当前修改版中被增加或被更改,当一张图的部件清单页包括航空公司的库存号时,而航空公司库存号的更改是该项记录的唯一更改时,所在行前标记有字母"S"。

标号 18:功能范围表示某一项目所包含的部件,这些部件根据 ATA 100 规范按功能被图示例在不同的章节中；在 NOMENCLATURE 栏内显示了含有这些主要安装和组件的图示的位置，在该列中，舱门安装部分所包括的"灯"(Light)在33章的图中显示。

标号19：波音专利权色码零件用号尾加"SP"字样标识（图中未标出），不包括波音规范件号10－XXXXX，SXXXNXXX，SXXXTXXX，SXXXUXXX，SXXXWXXX 或 60BXXXXX，该项目表示所有色码统一适用于给定的适用范围，色码部件可用某航空公司（字母）色码后缀或统一的"SP"后缀标记订购，接收到"SP"零件的订购单后，零件将被按航空公司（字母）色码件号转化并处理，为便于颜色转化，对订购的"SP"零件可参考适用的飞机注册号或颜色名称。

注：色码不影响物理性或功能性的互换性。

标号20：可以在当地制造的零件所需的材料在 NOMENCLATURE 栏内用（MFD FROM—）标注；此例中 183N1120-5 是可以自己进行加工件。

标号21：当一张图中包括一条以上的记录内容时，图的标题便于对记录的内容做准备和维护工作，图的标题所对应的有效性栏内标识了该图所针对的飞机。

标号22：适用的部件维护手册在名称栏内用（REF DMM－－－）标出，它为组件提供了更详细的内容，对于供应商提供的组件，适用的供应商代码在件号栏内部件名称之后显示。

标号23：仅根据航空公司的通知，已完成的波音服务通知被编入 IPC 中，按航空公司的规定，用下列方法之一将服务通告编入 IPC。按备件信函309号，选择1：反映服务通告完成之前和之后的双构型，按备件信函309号；选择2：只反映服务通告完成之后的单一构型，服务通告/改装清单中显示了 IPC 中用户提交的已完成的服务通告的记录；此例该项目零件适用于006—007飞机，即已经完成71-1622服务通告的飞机。

模块 4　图解零部件目录(IPC)的使用

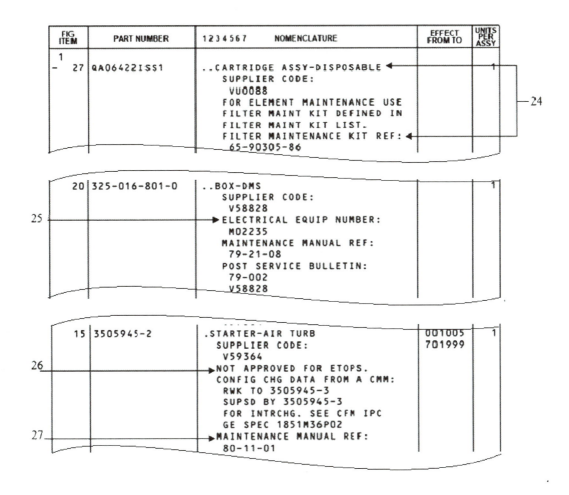

图 4-15　详细零件清单说明 6

标号 24：波音定义了一套工作包的件号，这套工作包包括了拆卸和维修飞机油滤所需要的全部部件，这套工作包为工作者提供便利因为它包括油滤/组件、封圈/O 型环、垫片，以及维护零件所需的全部标准件，油滤维护工作包件号可参照零件记录的 NOMENCLATURE 栏，油滤维护工作包在 IPC 的油滤维护工作包部分有详细记录；此例油滤维护工作包的件号是 65-90305-86。

标号 25：电气部件号－IPC 的 NOMENCLATURE 栏内部件的线路设备号可作为所记录的部件的有效参考，电气设备号也用在 IPC 的图中识别设备；材料设备号是 M02235。

标号 26：ETOPS 记录－IPC 确定双发飞机为了实现双发延程使用所需的部件，在下列情况下，IPC 的 NOMENCLATURE 栏内出现 ETOPS 标记："未批准用于 ETOPS"表示该部件不能装机用于 ETOPS 的飞行需求，"结合服务通告或服务信函后未批准用于 ETOPS"表示如果飞机结合参考的服务通告或服务信函，而部件经鉴定不能用于 ETOPS。

标号 27：维护手册参考是适用的波音维护手册位置的交叉参考，此手册包括部件的拆卸及修理程序;此例 BMN5024CPD8 的信息参加 AMM80-11-01 所示。

## 4.4　图解零部件目录的查询方法

在实际维护工作中,飞机维护工程技术人员使用图解零部件目录通常会遇到两种情况:一种是已知零件的名称或零件在飞机系统中的位置,需要借助图解零部件目录来查找零件的件号(Part Number)。另一种是已知件号,但需要根据件号来确定零件在飞机系统中的装配位置和安装顺序。

### 4.4.1　已知件号的查询方法

已知件号 PN,但需要根据 PN 来确定零件在飞机系统中的装配位置和安装顺序,可以根据图解零部件目录的件号索引进行查询;图解零部件目录的件号索引分为两个部分:件号字母索引表和件号数字索引表;若件号的首位是字母,则查件号字母索引表;若件号首位是数字,则查件号数字索引表。根据已知的零件件号,在编号索引中查找该件号,记下对应的 Chapter – Section – Unit – Fig – Item(章号-节号-目号-图号-项次号),然后据此信息查询 IPC 的安装图和详细零件清单,根据项次号在图中找到零件,在清单中确认零件的名称。

注意:当"0"在首位时,我们要在数码字母索引中查找。件号中极少以字母"O"开头,没有特殊指定情况下,都认为是数字"0"。

步骤 1:根据已知件号在图解零部件目录件号字母索引表或件号数字索引表找到 Chapter – Section – Unit – Fig – Item(章号-节号-目号-图号-项次号);

步骤 2:根据相关信息的章号-件号确定该架飞机的有效性代码;

步骤 3:检查临时改版清单有无信息的临时改版记录;

步骤 4:根据相关信息的章号-节号-目号-图号-项次号,找到零件所在图的标题,翻到此图,根据项目号在图示中找到零件;

步骤 5:在详细零件清单中根据项次号查出零件对应的件号,注意件号的互换性情况、有效性及数量。

【例 1】已知 B737-800 机型 B-5117 飞机,上 VHF 天线的件号是 DMC50-17,找到上 VHF 天线使用的封圈件号。

步骤 1:根据已知上 VHF 天线的件号 DMC50-17 在图解零部件目录件号字母索引表找到号-节号-目号-图号-项目号共有 3 个结果,哪个是我们需要的结果必须一个一个验证,先从 23-12-11-01 的项目号 10 开始,逐一进行查找工作,最后到 23-12-11-01 的项目号 165,直到找到正确答案为止。

步骤 2:根据 B737-800 机型 B-5117 飞机信息在飞机维护手册的前言(Front Matter)中确定该架飞机的有效性代码是 004。

步骤 3:检查临时改版清单有无 ATA23 章通信系统关于 VHF 天线的临时改版记录。

步骤4：根据相关信息的23-12-11-01的项目号10，找到零件所在图的准确位置就是我们需要的上VHF天线位置图，在图中找到上VHF天线封圈的项目号是15，如图4-16所示。

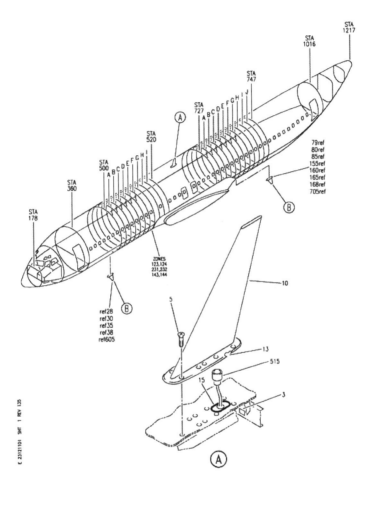

图4-16 查找VHF天线章节图解部分

步骤5：根据上VHF天线封圈的项目号15，在详细零件清单中根据15项目号查出零件对应的件号是MS9068-140，上VHF天线封圈没有互换件号，有效性空白，安装数量为1，我们要找的是B737-800机型B-5117飞机的有效性代码004，如图4-17所示。

## BOEING
### 737-600/700/800/900
### PARTS CATALOG (MAINTENANCE)

| FIG ITEM | PART NUMBER | 1234567 NOMENCLATURE | EFFECT FROM TO | UNITS PER ASSY |
|---|---|---|---|---|
| 1 | | | | |
| - 1 | MODREF101666 | ANTENNA INSTL-VHF<br>ANTENNA INSTL-VHF NO.1<br>MODULE NUMBER:<br>284A0501-1 REV B<br>POSITION DATA:<br>STA 630.36 | | 1 |
| 3 | BAC27DEX6859 | .MARKER-<br>PLACARD CONTENT:<br>M00057 VHF ANTENNA | | 1 |
| 5 | BACB30NN4K11 | .BOLT- | | 10 |
| 10 | DMC50-17 | .ANTENNA-<br>SUPPLIER CODE:<br>V00752<br>FUNCTIONAL DESCRIPTION:<br>PROVIDES COMMUNICATION<br>OPERATION IN A SHORT<br>STUB, BLADE ANTENNA WITH<br>AN OMNIDIRECTIONAL<br>RADIATION PATTERN.<br>ELECTRICAL EQUIP NUMBER:<br>M00057<br>MAINTENANCE MANUAL REF:<br>23-12-11<br>QUALIFIED I/W DATA:<br>DMC50-17-3 I/W DMC50-17<br>SUBJECT TO CUSTOMER<br>PREFERENCE. DMC50-17-3<br>HAS RED STRIPE MARKINGS<br>FOR HIGHER VISIBILITY.<br>OPTIONAL PART:<br>BCREFD00040<br>V00752 | | 1 |
| 10 | S65-8262-2 | .ANTENNA-<br>SUPPLIER CODE:<br>V13691<br>MAINTENANCE MANUAL REF:<br>23-12-11 | | 1 |
| 15 | MS9068-140 | .PACKING | | 1 |
| - 25 | MODREF101664 | ANTENNA INSTL-VHF NO. 3<br>MODULE NUMBER:<br>284A0501-19 REV B<br>POSITION DATA:<br>STA 470.88 | | 1 |
| 28 | BAC27DEX6861 | .MARKER-<br>PLACARD CONTENT:<br>M00225 VHF ANTENNA | | 1 |
| 30 | BACB30NN4K15 | .BOLT-<br>OPTIONAL PART:<br>BACB30NN4K14 | | 10 |

ILLUSTRATION ITEMS NOT ON PARTS LIST ARE NOT APPLICABLE
- ITEM NOT ILLUSTRATED

23-12-11-01

23-12-11
FIG. 01
PAGE 1
JUN 15/09

图 4-17 查找 VHF 天线章节详细零件清单部分

模块 4　图解零部件目录(IPC)的使用　83

【例2】已知B737-800机型B-5117飞机,主轮易碎接头的件号是MS21902J6,找到主轮易碎接头使用的封圈件号。

步骤1:根据已知上VHF天线的件号MS21902J6在图解零部件目录件号字母索引表找到号-节号-目号-图号-项目号为32-32-52-02。

步骤2:根据B737-800机型B-5117飞机信息在飞机维护手册的前面的材料(Front Matter)中确定该架飞机的有效性代码是004。

步骤3:检查临时改版清单有无ATA32章通信系统关于主轮易碎接头的临时改版记录。

步骤4:根据相关信息的32-32-52-02的项目号35,找到零件所在图的准确位置就是我们需要的上主轮易碎接头位置图,在图中找到主轮易碎接头封圈的项目号是40,件号为NAS1612-6A,如图4-18和图4-19所示。

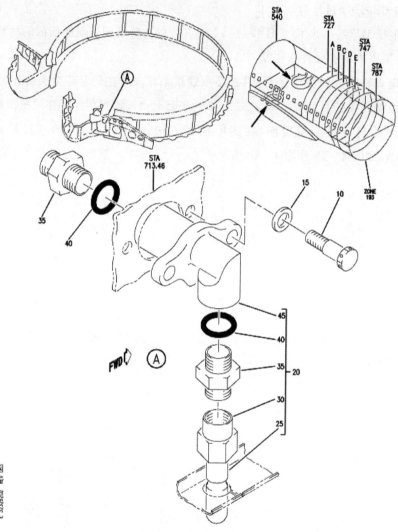

图 4-18 查找易碎接头章节及图号

模块 4　图解零部件目录(IPC)的使用　85

**BOEING**
**737-600/700/800/900**
**PARTS CATALOG (MAINTENANCE)**

| FIG ITEM | PART NUMBER | 1 2 3 4 5 6 7　NOMENCLATURE | EFFECT FROM TO | UNITS PER ASSY |
|---|---|---|---|---|
| 2 | | FITTING INSTL-MLG FRANGIBLE | | |
| - 1 | MODREF84418 | FITTING INSTL-MLG FRANGIBLE MODULE NUMBER: 273A2800-3 REV A POSITION DATA: LH | | 1 |
| - 5 | MODREF84419 | FITTING INSTL-MLG FRANGIBLE MODULE NUMBER: 273A2800-4 REV A POSITION DATA: RH | | 1 |
| 10 | BACB30NR4K6 | .BOLT | | 2 |
| 15 | BACW10BP4CD | .WASHER | | 2 |
| 20 | 273A2801-3 | .FITTING ASSY | | 1 |
| 25 | 273A2803-3 | ..FITTING | | 1 |
| 30 | BACN10YE6 | ..NUT | | 1 |
| 35 | MS21902J6 | ..UNION MAINTENANCE MANUAL REF: 32-32-52 | | 2 |
| 40 | NAS1612-6A | ..PACKING MAINTENANCE MANUAL REF: 32-32-52 | | 2 |
| 45 | 273A2802-5 | ..MANIFOLD | | 1 |

ILLUSTRATION ITEMS NOT ON PARTS LIST ARE NOT APPLICABLE

- ITEM NOT ILLUSTRATED

**32-32-52-02**

32-32-52
FIG. 02
PAGE 1
OCT 10/06

SHG
BOEING PROPRIETARY - Copyright © - Unpublished Work - See title page for details.

图 4-19　查找易碎接头详细零件清单

### 4.4.2 未知件号的查询方法

已知零件的名称或零件在飞机系统中的位置,要借助各章节目录进行查阅。

步骤1:查找相关信息之前,首先确定信息的关键词,根据信息的关键词,判定信息可能在的ATA章节;

步骤2:根据相关信息确定该架飞机的有效性代码;

步骤3:检查临时改版清单有无信息的临时改版记录;

步骤4:根据相关信息找到该章的目录,通过关键词在目录找到关键词所在的节或子系统;如果是电子版的手册,还可以通过软件自带的搜索功能输入关键词进行过滤和筛选;

步骤5:在安装图是按字母顺序排列的,找到零件所在图的标题,翻到此图,在图示中找到零件,记下零件的项目号;

步骤6:在详细零件清单中根据项次号查出零件对应的件号,注意件号的互换性情况、有效性及数量。

【例3】已知:需要查找安装B737-800机型B-5117飞机上查找APU灭火瓶(Bottle Instl-Fire Ext)组件的件号和安装位置。

步骤1:对该题进行分析关键字是APU灭火瓶(Bottle Instl-Fire Ext)组件,APU灭火瓶组件属于ATA26章防火系统。

步骤2:根据B737-800机型B-5117飞机信息在飞机维护手册的前面的材料中确定该架飞机的有效性代码是004。

步骤3:检查临时改版清单有无ATA26章防火系统关于APU灭火瓶的临时改版记录。

步骤4:在ATA26章目录中找到Bottle Instl-Fire Ext的项目,得到该组件图号26-22-01-01,如图4-20所示。

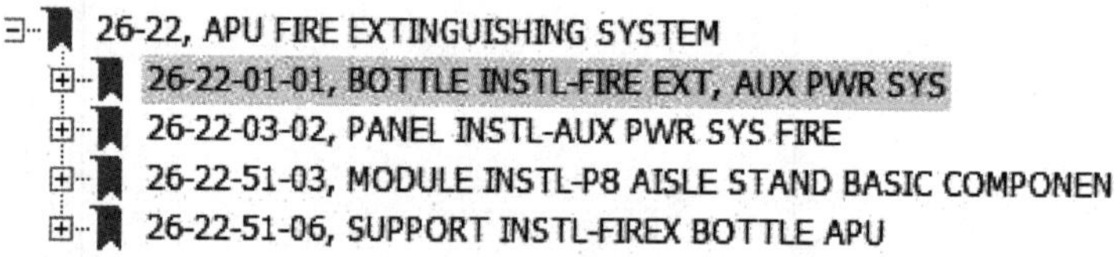

```
⊒ 26-22, APU FIRE EXTINGUISHING SYSTEM
    26-22-01-01, BOTTLE INSTL-FIRE EXT, AUX PWR SYS
    26-22-03-02, PANEL INSTL-AUX PWR SYS FIRE
    26-22-51-03, MODULE INSTL-P8 AISLE STAND BASIC COMPONEN
    26-22-51-06, SUPPORT INSTL-FIREX BOTTLE APU
```

图4-20 查找APU灭火瓶章节号

步骤5:找到26-22-01-01图,灭火瓶的图号是25,进入详细零件清单,得到件号33700002或10-3275-32,如图4-21所示。

模块 4　图解零部件目录(IPC)的使用　87

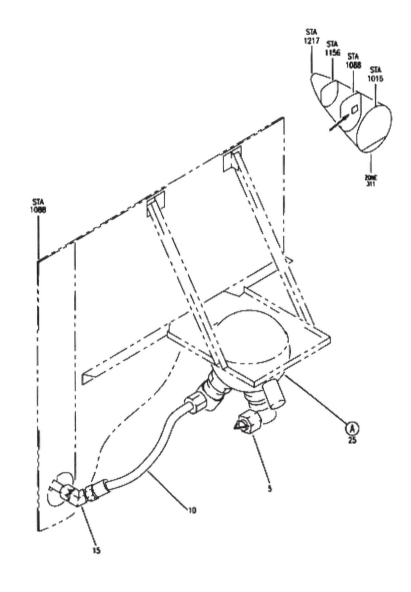

图 4-21　查找 APU 灭火瓶章节图解部分

## BOEING
### 737-600/700/800/900
### PARTS CATALOG (MAINTENANCE)

| FIG ITEM | PART NUMBER | 1234567 NOMENCLATURE | EFFECT FROM TO | UNITS PER ASSY |
|---|---|---|---|---|
| 1 | | BOTTLE INSTL-FIRE EXT, AUX PWR SYS | | |
| - 1 | MODREF210253 | BOTTLE INSTL-FIRE EXT, AUX PWR SYS MODULE NUMBER: 355A5100-5 REV B | | 1 |
| 5 | AP1008-12DN | .CAP- SUPPLIER CODE: V01673 SPECIFICATION NUMBER: BACC14AD12DN OPTIONAL PART: US2103-12DN V50808 BACC14AD12D | | 1 |
| 5 | AP1008-12D | .CAP- SUPPLIER CODE: V01673 SPECIFICATION NUMBER: BACC14AD12D OPTIONAL PART: US2103-12D V50808 BACC14AD12DN | | 1 |
| 10 | 113701-15 | .HOSE ASSY- SUPPLIER CODE: V78570 SPECIFICATION NUMBER: S312N512-15 | | 1 |
| 15 | NAS1761M1010 | .ELBOW- | | 1 |
| 25 | 33700002 | .BOTTLE ASSY- SUPPLIER CODE: V05167 FUNCTIONAL DESCRIPTION: RELEASED PRESSURIZED FIRE EXTINGUISHANT INTO THE ENGINE/APU COMPARTMENT UPON COMMAND FROM FLIGHT CREW SPECIFICATION NUMBER: 10-3275-32 COMPONENT MAINT MANUAL REF: 26-22-30 ATTACHING PARTS | | 1 |
| - 30 | BACB30LJ5-3 | .BOLT- | | 4 |
| - 35 | BACW10P115S | .WASHER- | | 4 |

ILLUSTRATION ITEMS NOT ON PARTS LIST ARE NOT APPLICABLE

- ITEM NOT ILLUSTRATED

26-22-01-01

SHG

BOEING PROPRIETARY - Copyright © - Unpublished Work - See title page for details

26-22-01
FIG. 01
PAGE 1
FEB 10/07

图 4-22 查找 APU 灭火瓶章节详细零件清单部分

【例4】已知需要在B737-800机型B-5117飞机上查找前轮刹车止动片(lining-brake)的件号和安装位置。

步骤1：对该题进行分析，关键词是前轮刹车止动片(lining-brake)，前轮刹车止动片属于ATA 32章起落架系统；

步骤2：根据B737-800机型B-5117飞机信息在飞机维护手册的前面的材料中确定该架飞机的有效性代码是004；

步骤3：检查临时改版清单有无ATA 32章起落架系统关于前轮刹车止动片的临时改版记录；

步骤4：在ATA 32章目录中找到Door Instl-Nose Wheel Well Access的项目，得到该组件图号为32-22-11-02；

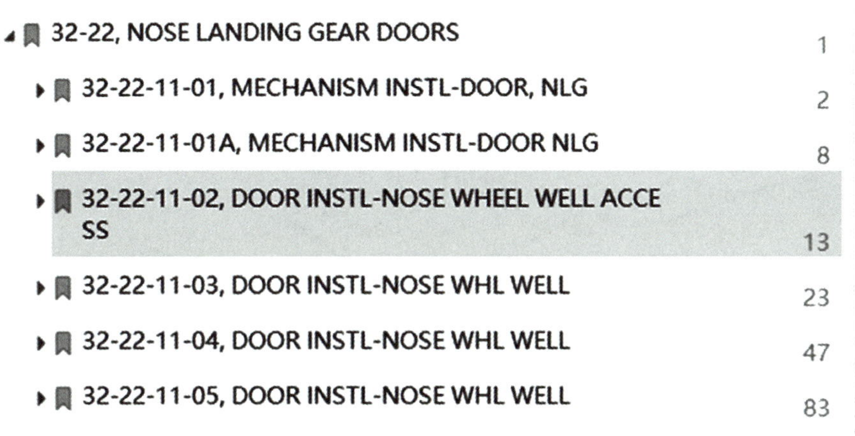

```
▲ 📕 32-22, NOSE LANDING GEAR DOORS                          1
    ▶ 📕 32-22-11-01, MECHANISM INSTL-DOOR, NLG              2
    ▶ 📕 32-22-11-01A, MECHANISM INSTL-DOOR NLG              8
    ▶ 📕 32-22-11-02, DOOR INSTL-NOSE WHEEL WELL ACCE
        SS                                                  13
    ▶ 📕 32-22-11-03, DOOR INSTL-NOSE WHL WELL              23
    ▶ 📕 32-22-11-04, DOOR INSTL-NOSE WHL WELL              47
    ▶ 📕 32-22-11-05, DOOR INSTL-NOSE WHL WELL              83
```

图4-23　查找前轮刹车制动片章节号

步骤5：找到32-22-11-02图，前轮刹车止动片的图号是60，进入详细零件清单，得到件号69-76189-1或69-76189-2，如图4-24和图4-25所示。

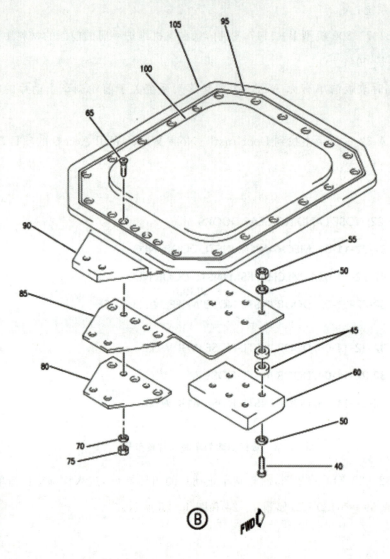

图 4-24 查找前轮刹车制动片章节图解部分

```
                    BOEING
               737-600/700/800/900
               PARTS CATALOG (MAINTENANCE)
```

| FIG ITEM | PART NUMBER | 1234567 NOMENCLATURE | EFFECT FROM TO | UNITS PER ASSY |
|---|---|---|---|---|
| 2 | | | | |
| R R R R R  45 | 69-53203-1 | ..SPACER- MANUFACTURED FROM: SHEET AL 2024-T42 QQ-A-250/4 OPT 2024-T42 EXTR QQ-A-200/3 .025 IN 1.00 IN 1.00 IN | | 12 |
| 50 | NAS1149C0332R | ..WASHER | | 12 |
| 55 | PLH53CM | ..NUT SUPPLIER CODE: VF0224 SPECIFICATION NUMBER: BACN10YR3CM OPTIONAL PART: H52732-3CM V15653 | | 6 |
| 60 | 69-76189-2 | ..LINING-BRAKE | | 1 |
| 60 | 69-76189-1 | ..LINING-BRAKE | | 1 |
| 65 | BACB30NN3K6 | ..BOLT | | 2 |
| 70 | NAS1149C0332R | ..WASHER | | 2 |
| 75 | PLH53CM | ..NUT SUPPLIER CODE: VF0224 SPECIFICATION NUMBER: BACN10YR3CM OPTIONAL PART: H52732-3CM V15653 | | 2 |
| 80 | 69-43800-1 | ..PLATE | | 1 |
| 85 | 141A7900-5 | ..SPRING | | 1 |
| 90 | 69-43203-2 | ..FILLER | 001011 071072 418821 882999 | 1 |
| 95 | 65-49920-7 | ..SEAL | | 1 |
| 100 | 65-49920-5 | ..INSULATION | | 1 |
| 105 | 65-49920-41 | ..DOOR | | 1 |
| R R R R R R R R  110 | 141A7900-3 | .DOOR ASSY- (LANDING GEAR ONLY) MAINTENANCE MANUAL REF: 53-14-01 FUNCTIONAL REFERENCE: PLACARDS AND MARKINGS FOR DETAILS SEE 11-22-03-02 | | 2 |
| 120 | 65-49920-13 | ..SEAL | | 1 |
| 125 | 65-49920-14 | ..INSULATION | | 1 |
| 130 | 65-49920-42 | ..DOOR | | 1 |

ILLUSTRATION ITEMS NOT ON PARTS LIST ARE NOT APPLICABLE

- ITEM NOT ILLUSTRATED

32-22-11-02

32-22-11
FIG. 02
PAGE 2
FEB 15/12

图 4-25　查找前轮刹车制动片章节详细零件清单部分

模块 4　图解零部件目录(IPC)的使用

## IPC 查询工卡

工卡1：

| 工卡标题<br>Title | IPC 查询案例1——空气循环机件号查询 | | | |
|---|---|---|---|---|
| 工卡编号<br>TC No. | | 版本<br>Revision | | |
| 机型<br>A/C Type | B737－600/700/800 | 飞机注册号<br>Reg. No. | B－5162 | |
| 区域<br>Zone | 飞机维修手册查询及 CBT 实训室 | 工时(学时)<br>Working Hours | 4 | |
| 参考文件<br>Ref. | B737－600/700/800 飞机 IPC 手册 | | | |
| 注意事项<br>Cautions | (1)课前按要求熟悉相关的专业英语词汇；<br>(2)课前了解 ATA 100 规范,熟悉 ATA 各章对应的内容；<br>(3)核实飞机有效性,选用正确的手册；<br>(4)课前熟悉不同页码段对应的维修内容 | | | |
| 编写<br>Edited By | | 审核<br>Examined By | 批准<br>Approved By | |
| 日期<br>Date | | 日期<br>Date | 日期<br>Date | |
| 工具/设备/材料 Tool/Equipment/Material | | | 工作者<br>Mechanic | 检查者<br>Inspector |
| 名称 | 规格 | 单位 | 数量 | |
| 计算机 | N/A | 台 | 1 | |
| 手册 | B737－600/700/800 手册大全 | 套 | 1 | |
| 翻译软件 | 英文翻译软件,如有道翻译 | 个 | 1 | |
| 阅读器软件 | PDF 阅读器,如 Adobe Reader | 个 | 1 | |
| 1. 工作任务<br>Task | | | 工作者<br>Mechanic | 检查者<br>Inspector |
| 某 B－5162 飞机空调出现故障,航后进行排故工作,更换空调空气循环机。现需准备航材,请查找该飞机 ACM 件号信息 | | | | |
| 2. 工作准备<br>Preparation | | | 工作者<br>Mechanic | 检查者<br>Inspector |

续表

| | | |
|---|---|---|
| 1)准备好计算机及软件<br>（1）能流畅运行办公软件的计算机 1 台；<br>（2）计算机安装有英语翻译软件及 PDF 阅读器软件。<br>2)计算机备有本次任务相关的 B737-600/700/800 手册 | | |
| 3.工作步骤<br>Procedure | 工作者<br>Mechanic | 检查者<br>Inspector |
| (1)打开 FM 文件，核实 B-5162 飞机有效性，并记下该飞机的客户有效性代码为_____；<br>(2)ACM 是空调系统中的部件，按照 ATA 100 规范，应查找 IPC 手册（章节）____- AIR CONDITIONING；<br>(3)ACM 是空调系统中冷却的内容，打开该章目录查找相应的章节 21-____-____, PACK ASSY - SECONDARY HEAT EX-CHANGER UNIT(AIR CYCLE MACHINE ONLY)；<br>(4)阅读以上工卡，找到 ACM 件号信息并填到下方：<br>ACM 的件号为_____；<br>ACM 的供应商代码为_____；<br>ACM 部件的参考章节为_____ | | |
| 4.结束工作<br>Close Out | 工作者<br>Mechanic | 检查者<br>Inspector |
| (1)记录查询结果；<br>(2)关闭所有手册页面和软件；<br>(3)在不使用本工卡的情况下，重复一次查询过程；<br>(4)清扫现场 | | |
| End Of Task | | |

工卡2:

| 工卡标题<br>Title | IPC查询案例2——件号2206400-2查询 | | | |
|---|---|---|---|---|
| 工卡编号<br>TC No. | | 版本<br>Revision | | |
| 机型<br>A/C Type | B737-600/700/800 | 飞机注册号<br>Reg. No. | B-5303 | |
| 区域<br>Zone | 飞机维修手册查询及CBT实训室 | 工时(学时)<br>Working Hours | 4 | |
| 参考文件<br>Ref. | B737-600/700/800飞机IPC手册 | | | |
| 注意事项<br>Cautions | (1)课前按要求熟悉相关的专业英语词汇;<br>(2)课前了解ATA 100规范,熟悉ATA各章对应的内容;<br>(3)核实飞机有效性,选用正确的手册;<br>(4)课前熟悉不同页码段对应的维修内容 | | | |
| 编写<br>Edited By | | 审核<br>Examined By | 批准<br>Approved By | |
| 日期<br>Date | | 日期<br>Date | 日期<br>Date | |
| 工具/设备/材料 Tool/Equipment/Material | | | | |
| 名称 | 规格 | 单位 | 数量 | 工作者<br>Mechanic | 检查者<br>Inspector |
| 计算机 | N/A | 台 | 1 | | |
| 手册 | B737-600/700/800手册大全 | 套 | 1 | | |
| 翻译软件 | 英文翻译软件,如有道翻译 | 个 | 1 | | |
| 阅读器软件 | PDF阅读器,如Adobe Reader | 个 | 1 | | |
| 1.工作任务<br>Task | | | | 工作者<br>Mechanic | 检查者<br>Inspector |
| 某B-5303飞机某零组件件号为2206400-2,请查找该零件的名称和供应商信息 | | | | | |
| 2.工作准备<br>Preparation | | | | 工作者<br>Mechanic | 检查者<br>Inspector |

续表

| | 工作者<br>Mechanic | 检查者<br>Inspector |
|---|---|---|
| 1)准备好计算机及软件<br>　(1)能流畅运行办公软件的计算机1台；<br>　(2)计算机安装有英语翻译软件及PDF阅读器软件。<br>2)计算机备有本次任务相关的B737-600/700/800手册 | | |
| 3.工作步骤<br>Procedure | 工作者<br>Mechanic | 检查者<br>Inspector |
| (1)打开FM文件，核实B-5303飞机有效性，并记下该飞机的客户有效性代码为_____；<br>(2)件号为2206400-2应选择PART NUMBER NUMERICAL-_____INDEX，进行搜索；<br>(3)搜索出件号2206400-2应属于IPC手册中21-___-___-___，项目号为___或者___；<br>(4)阅读以上工卡，找到件号2206400-2信息并填到下方：<br>　(a)件号为2206400-2的零部件名称_____；<br>　(b)件号为2206400-2的供应商代码为_____；<br>　(c)件号为2206400-2拆装参考的AMM手册章节为_____ | | |
| 4.结束工作<br>Close Out | 工作者<br>Mechanic | 检查者<br>Inspector |
| (1)记录查询结果；<br>(2)关闭所有手册页面和软件；<br>(3)在不使用本工卡的情况下，重复一次查询过程；<br>(4)清扫现场 | | |
| End Of Task | | |

## 模块 4  图解零部件目录(IPC)的使用

工卡 3：

| 工卡标题<br>Title | IPC 查询案例 3——APU 启动发电机件号查询 | | | | | |
|---|---|---|---|---|---|---|
| 工卡编号<br>TC No. | | | 版本<br>Revision | | | |
| 机型<br>A/C Type | B737-600/700/800 | | 飞机注册号<br>Reg. No. | | B-5307 | |
| 区域<br>Zone | 飞机维修手册查询及 CBT 实训室 | | 工时(学时)<br>Working Hours | | 4 | |
| 参考文件<br>Ref. | B737-600/700/800 飞机 IPC 手册 | | | | | |
| 注意事项<br>Cautions | (1)课前按要求熟悉相关的专业英语词汇；<br>(2)课前了解 ATA 100 规范，熟悉 ATA 各章对应的内容；<br>(3)核实飞机有效性，选用正确的手册；<br>(4)课前熟悉不同页码段对应的维修内容 | | | | | |
| 编写<br>Edited By | | | 审核<br>Examined By | | 批准<br>Approved By | |
| 日期<br>Date | | | 日期<br>Date | | 日期<br>Date | |
| 工具/设备/材料 Tool/Equipment/Material | | | | | 工作者<br>Mechanic | 检查者<br>Inspector |
| 名称 | 规格 | | 单位 | 数量 | | |
| 计算机 | N/A | | 台 | 1 | | |
| 手册 | B737-600/700/800 手册大全 | | 套 | 1 | | |
| 翻译软件 | 英文翻译软件，如有道翻译 | | 个 | 1 | | |
| 阅读器软件 | PDF 阅读器，如 Adobe Reader | | 个 | 1 | | |
| 1. 工作任务<br>Task | | | | | 工作者<br>Mechanic | 检查者<br>Inspector |
| 某 B-5307 飞机过站反应 APU 启动故障，航后进行排故工作，更换启动发电机。现需准备航材，请查找该飞机 APU 启动发电机件号信息 | | | | | | |
| 2. 工作准备<br>Preparation | | | | | 工作者<br>Mechanic | 检查者<br>Inspector |

续表

| | 工作者<br>Mechanic | 检查者<br>Inspector |
|---|---|---|
| 1)准备好计算机及软件<br>　(1)能流畅运行办公软件的计算机 1 台；<br>　(2)计算机安装有英语翻译软件及 PDF 阅读器软件。<br>2)计算机备有本次任务相关的 B737-600/700/800 手册 | | |
| 3.工作步骤<br>Procedure | 工作者<br>Mechanic | 检查者<br>Inspector |
| (1)打开 FM 文件，查找核实 B-5307 飞机有效性，并记下该飞机的客户有效性代码为_____；<br>(2)APU 启动发电机是 APU 系统中的部件，按照 ATA 100 规范，应查找 IPC 手册(章节)\_\_\_\_ - Airborne Auxiliary Power APU；<br>(3)APU 启动发电机是 APU 系统中点火和启动的内容，打开该章目录查找相应的章节<br>　49 -\_\_\_\_-_____, Power Unit Assy - Aux (Starter - Generator- tor Only)；<br>(4)阅读以上工卡，找到启动发电机件号信息并填到下方：<br>　(a)APU 启动发电机的件号为_____；<br>　(b)启动发电机的供应商代码为_____；<br>　(c)启动发电机拆装参考的 AMM 章为_____ | | |
| 4.结束工作<br>Close Out | 工作者<br>Mechanic | 检查者<br>Inspector |
| (1)记录查询结果；<br>(2)关闭所有手册页面和软件；<br>(3)在不使用本工卡的情况下，重复一次查询过程；<br>(4)清扫现场 | | |
| End Of Task | | |

工卡 4：

| 工卡标题<br>Title | IPC 查询案例 4——液压系统热交换器件号查询 | | | |
|---|---|---|---|---|
| 工卡编号<br>TC No. | | 版本<br>Revision | | |
| 机型<br>A/C Type | B737－600/700/800 | 飞机注册号<br>Reg. No. | B－5458 | |
| 区域<br>Zone | 飞机维修手册查询及 CBT 实训室 | 工时（学时）<br>Working Hours | 4 | |
| 参考文件<br>Ref. | B737－600/700/800 飞机 IPC 手册 | | | |
| 注意事项<br>Cautions | (1)课前按要求熟悉相关的专业英语词汇；<br>(2)课前了解 ATA 100 规范，熟悉 ATA 各章对应的内容；<br>(3)核实飞机有效性，选用正确的手册；<br>(4)课前熟悉不同页码段对应的维修内容 | | | |
| 编写<br>Edited By | 审核<br>Examined By | | 批准<br>Approved By | |
| 日期<br>Date | 日期<br>Date | | 日期<br>Date | |
| 工具/设备/材料 Tool/Equipment/Material | | | 工作者<br>Mechanic | 检查者<br>Inspector |
| 名称 | 规格 | 单位 | 数量 | |
| 计算机 | N/A | 台 | 1 | |
| 手册 | B737－600/700/800 手册大全 | 套 | 1 | |
| 翻译软件 | 英文翻译软件，如有道翻译 | 个 | 1 | |
| 阅读器软件 | PDF 阅读器，如 Adobe Reader | 个 | 1 | |
| 1. 工作任务<br>Task | | | 工作者<br>Mechanic | 检查者<br>Inspector |
| 某 B－5458 飞机液压系统故障，需更换液压系统热交换器。查询液压系统热交换器的件号信息 | | | | |
| 2. 工作准备<br>Preparation | | | 工作者<br>Mechanic | 检查者<br>Inspector |

续表

| | 工作者<br>Mechanic | 检查者<br>Inspector |
|---|---|---|
| 1)准备好计算机及软件<br>　(1)能流畅运行办公软件的计算机 1 台；<br>　(2)计算机安装有英语翻译软件及 PDF 阅读器软件。<br>2)计算机备有本次任务相关的 B737-600/700/800 手册 | | |
| 3.工作步骤<br>Procedure | 工作者<br>Mechanic | 检查者<br>Inspector |
| (1)打开 FM 文件，查找核实 B-5458 飞机有效性，并记下该飞机的客户有效性代码为_____；<br>(2)液压系统热交换器是液压系统中的部件，按照 ATA 100 规范，应查找 IPC 手册(章节)____-Hydraulic Power；<br>(3)液压系统热交换器，打开该章目录查找相应的章节<br>　29-____-____，Heat Exchanger Instl-SYS A And B HYDR；<br>(4)阅读以上工卡，找到热交换器件号信息并填到下方：<br>　(a)热交换器的项目号为_____；<br>　(b)热交换器的件号为_____；<br>　(c)热交换器的供应商代码_____ | | |
| 4.结束工作<br>Close Out | 工作者<br>Mechanic | 检查者<br>Inspector |
| (1)记录查询结果；<br>(2)关闭所有手册页面和软件；<br>(3)在不使用本工卡的情况下，重复一次查询过程；<br>(4)清扫现场 | | |
| End Of Task | | |

# 模块 4 图解零部件目录(IPC)的使用

工卡 5：

| 工卡标题<br>Title | IPC 查询案例 5——发动机滑油温度传感器件号查询 | | | |
|---|---|---|---|---|
| 工卡编号<br>TC No. | | 版本<br>Revision | | |
| 机型<br>A/C Type | B737-600/700/800 | 飞机注册号<br>Reg. No. | B-5488 | |
| 区域<br>Zone | 飞机维修手册查询及 CBT 实训室 | 工时(学时)<br>Working Hours | 4 | |
| 参考文件<br>Ref. | B737-600/700/800 飞机 IPC 手册 | | | |
| 注意事项<br>Cautions | 1. 课前按要求熟悉相关的专业英语词汇；<br>2. 课前了解 ATA 100 规范,熟悉 ATA 各章对应的内容；<br>3. 核实飞机有效性,选用正确的手册；<br>4. 课前熟悉不同页码段对应的维修内容 | | | |
| 编写<br>Edited By | | 审核<br>Examined By | 批准<br>Approved By | |
| 日期<br>Date | | 日期<br>Date | 日期<br>Date | |

| 工具/设备/材料 Tool/Equipment/Material | | | | 工作者<br>Mechanic | 检查者<br>Inspector |
|---|---|---|---|---|---|
| 名称 | 规格 | 单位 | 数量 | | |
| 计算机 | N/A | 台 | 1 | | |
| 手册 | B737-600/700/800 手册大全 | 套 | 1 | | |
| 翻译软件 | 英文翻译软件,如有道翻译 | 个 | 1 | | |
| 阅读器软件 | PDF 阅读器,如 Adobe Reader | 个 | 1 | | |
| 1. 工作任务<br>Task | | | | 工作者<br>Mechanic | 检查者<br>Inspector |
| B-5488 飞机发动机滑油系统温度显示异常,需更换发动机滑油温度传感器。查询该传感器的件号信息 | | | | | |
| 2. 工作准备<br>Preparation | | | | 工作者<br>Mechanic | 检查者<br>Inspector |

续表

| | 工作者<br>Mechanic | 检查者<br>Inspector |
|---|---|---|
| 1)准备好计算机及软件<br>　(1)能流畅运行办公软件的计算机 1 台；<br>　(2)计算机安装有英语翻译软件及 PDF 阅读器软件<br>2)计算机备有本次任务相关的 B737－600/700/800 手册 | | |
| 3.工作步骤<br>Procedure | 工作者<br>Mechanic | 检查者<br>Inspector |
| (1)打开 FM 文件，核实 B－5488 飞机有效性，并记下该飞机的客户有<br>　效性代码为_____；<br>(2)发动机滑油温度传感器是发动机滑油系统中的部件，按照ATA 100<br>　规范，应查找 IPC 手册(章节)<br>　79－____；<br>(3)发动机滑油温度传感器，打开该章目录查找相应的章节<br>　79－____－____，Engine Assy-(Oil Temperature Sensor Only)。<br>(4)阅读以上工卡，找到滑油温度传感器件号信息并填到下方：<br>　(a)滑油温度传感器的项目号为_____；<br>　(b)滑油温度传感器的件号为_____；<br>　(c)滑油温度传感器的供应商代码为_____ | | |
| 4.结束工作<br>Close Out | 工作者<br>Mechanic | 检查者<br>Inspector |
| (1)记录查询结果；<br>(2)关闭所有手册页面和软件；<br>(3)在不使用本工卡的情况下，重复一次查询过程；<br>(4)清扫现场 | | |
| End Of Task | | |

## 模块 4 图解零部件目录(IPC)的使用

工卡 6：

| 工卡标题<br>Title | IPC 查询案例 6——航徽灯件号查询 | | | |
|---|---|---|---|---|
| 工卡编号<br>TC No. | | 版本<br>Revision | | |
| 机型<br>A/C Type | B737-600/700/800 | 飞机注册号<br>Reg. No. | B-5489 | |
| 区域<br>Zone | 飞机维修手册查询及 CBT 实训室 | 工时(学时)<br>Working Hours | 4 | |
| 参考文件<br>Ref. | B737-600/700/800 飞机 IPC 手册 | | | |
| 注意事项<br>Cautions | (1)课前按要求熟悉相关的专业英语词汇；<br>(2)课前了解 ATA 100 规范,熟悉 ATA 各章对应的内容；<br>(3)核实飞机有效性,选用正确的手册；<br>(4)课前熟悉不同页码段对应的维修内容 | | | |
| 编写<br>Edited By | | 审核<br>Examined By | 批准<br>Approved By | |
| 日期<br>Date | | 日期<br>Date | 日期<br>Date | |

| 工具/设备/材料 Tool/Equipment/Material | | | | 工作者<br>Mechanic | 检查者<br>Inspector |
|---|---|---|---|---|---|
| 名称 | 规格 | 单位 | 数量 | | |
| 计算机 | N/A | 台 | 1 | | |
| 手册 | B737-600/700/800 手册大全 | 套 | 1 | | |
| 翻译软件 | 英文翻译软件,如有道翻译 | 个 | 1 | | |
| 阅读器软件 | PDF 阅读器,如 Adobe Reader | 个 | 1 | | |
| 1.工作任务<br>Task | | | | 工作者<br>Mechanic | 检查者<br>Inspector |
| B-5489 飞机航后检查发现左侧水平尾翼上的航徽灯不亮,需更换航徽灯灯组件。查询该灯组件的件号信息 | | | | | |
| 2.工作准备<br>Preparation | | | | 工作者<br>Mechanic | 检查者<br>Inspector |

续表

| | 工作者<br>Mechanic | 检查者<br>Inspector |
|---|---|---|
| 1)准备好计算机及软件<br>　(1)能流畅运行办公软件的计算机 1 台；<br>　(2)计算机安装有英语翻译软件及 PDF 阅读器软件。<br>2)计算机备有本次任务相关的 B737-600/700/800 手册 | | |
| 3. 工作步骤<br>Procedure | 工作者<br>Mechanic | 检查者<br>Inspector |
| (1)打开 FM 文件，查找核实 B-5489 飞机有效性，并记下该飞机的客户有效性代码为＿＿＿＿；<br>(2)航徽灯是灯光系统中的部件，按照 ATA 100 规范，应查找 IPC 手册（章节）<br>　33-＿＿＿；<br>(3)航徽灯组件，打开 IPC 手册该章目录查找相应的章节<br>　33-＿＿-＿＿，Light And Cover Plate Instl Horiz Stab.，Logo；<br>(4)阅读以上工卡，找到航徽灯组件件号信息并填到下方：<br>　(a)航徽灯的项目号为＿＿＿＿；<br>　(b)航徽灯的件号为＿＿＿＿；<br>　(c)航徽灯的供应商代码＿＿＿＿；<br>　(d)拆装参照的 AMM 手册为＿＿＿＿ | | |
| 4. 结束工作<br>Close Out | 工作者<br>Mechanic | 检查者<br>Inspector |
| (1)记录查询结果；<br>(2)关闭所有手册页面和软件；<br>(3)在不使用本工卡的情况下，重复一次查询过程；<br>(4)清扫现场 | | |
| End Of Task | | |

## 模块 4　图解零部件目录(IPC)的使用

工卡 7：

| 工卡标题<br>Title | IPC 查询案例 7 - N1 速度传感器件号查询 | | | |
|---|---|---|---|---|
| 工卡编号<br>TC No. | | 版本<br>Revision | | |
| 机型<br>A/C Type | B737 - 600/700/800 | 飞机注册号<br>Reg. No. | B - 5476 | |
| 区域<br>Zone | 飞机维修手册查询及 CBT 实训室 | 工时(学时)<br>Working Hours | 4 | |
| 参考文件<br>Ref. | B737 - 600/700/800 飞机 IPC 手册 | | | |
| 注意事项<br>Cautions | (1)课前按要求熟悉相关的专业英语词汇；<br>(2)课前了解 ATA 100 规范，熟悉 ATA 各章对应的内容；<br>(3)核实飞机有效性，选用正确的手册；<br>(4)课前熟悉不同页码段对应的维修内容 | | | |
| 编写<br>Edited By | | 审核<br>Examined By | 批准<br>Approved By | |
| 日期<br>Date | | 日期<br>Date | 日期<br>Date | |

| 工具/设备/材料 Tool/Equipment/Material | | | | 工作者<br>Mechanic | 检查者<br>Inspector |
|---|---|---|---|---|---|
| 名称 | 规格 | 单位 | 数量 | | |
| 计算机 | N/A | 台 | 1 | | |
| 手册 | B737 - 600/700/800 手册大全 | 套 | 1 | | |
| 翻译软件 | 英文翻译软件，如有道翻译 | 个 | 1 | | |
| 阅读器软件 | PDF 阅读器，如 Adobe Reader | 个 | 1 | | |
| 1. 工作任务<br>Task | | | | 工作者<br>Mechanic | 检查者<br>Inspector |
| 某 B - 5476 飞机一号发动机 N1 转速显示异常，经排故后确定 N1 速度传感器故障，需更换该传感器。请查找该 N1 速度传感器件号信息 | | | | | |
| 2. 工作准备<br>Preparation | | | | 工作者<br>Mechanic | 检查者<br>Inspector |

续表

| | | |
|---|---|---|
| 1)准备好计算机及软件<br>　(1)能流畅运行办公软件的计算机1台；<br>　(2)计算机安装有英语翻译软件及PDF阅读器软件。<br>2)计算机备有本次任务相关的B737-600/700/800手册 | | |
| 3.工作步骤<br>Procedure | 工作者<br>Mechanic | 检查者<br>Inspector |
| (1)打开FM文件,核实B-5476飞机有效性,并记下该飞机的客户有<br>　效性代码为＿＿＿＿；<br>(2)N1速度传感器是发动机指示系统中的部件,按照ATA 100规范,应<br>　查找IPC手册(章节)<br>　77-ENGINE＿＿＿＿；<br>(3)N1转速是发动机转速章节中内容,打开该章目录查找相应的章节<br>　77-＿＿＿-＿＿＿,Fan Module-(N1 Speed Sensor Only)；<br>(4)阅读以上工卡,找到N1速度传感器件号信息并填到下方：<br>　(a)N1速度传感器在零件图中的项目号为＿＿＿＿；<br>　(b)N1速度传感器的件号为＿＿＿＿；<br>　(c)N1速度传感器的供应商代码＿＿＿＿；<br>　(d)N1速度传感器拆装参照的AMM手册为＿＿＿＿；<br>　(e)可替换的件号为＿＿＿＿ | | |
| 4.结束工作<br>Close Out | 工作者<br>Mechanic | 检查者<br>Inspector |
| (1)记录查询结果；<br>(2)关闭所有手册页面和软件；<br>(3)在不使用本工卡的情况下,重复一次查询过程；<br>(4)清扫现场 | | |
| End Of Task | | |

## 模块 4　图解零部件目录(IPC)的使用

工卡 8：

| 工卡标题<br>Title | IPC 查询案例 8——N2 速度传感器件号查询 | | | |
|---|---|---|---|---|
| 工卡编号<br>TC No. | | 版本<br>Revision | | |
| 机型<br>A/C Type | B737－600/700/800 | 飞机注册号<br>Reg. No. | B－5458 | |
| 区域<br>Zone | 飞机维修手册查询及 CBT 实训室 | 工时(学时)<br>Working Hours | 4 | |
| 参考文件<br>Ref. | B737－600/700/800 飞机 IPC 手册 | | | |
| 注意事项<br>Cautions | (1)课前按要求熟悉相关的专业英语词汇；<br>(2)课前了解 ATA 100 规范，熟悉 ATA 各章对应的内容；<br>(3)核实飞机有效性，选用正确的手册；<br>(4)课前熟悉不同页码段对应的维修内容 | | | |
| 编写<br>Edited By | | 审核<br>Examined By | 批准<br>Approved By | |
| 日期<br>Date | | 日期<br>Date | 日期<br>Date | |

| 工具/设备/材料 Tool/Equipment/Material | | | | 工作者<br>Mechanic | 检查者<br>Inspector |
|---|---|---|---|---|---|
| 名称 | 规格 | 单位 | 数量 | | |
| 计算机 | N/A | 台 | 1 | | |
| 手册 | B737－600/700/800 手册大全 | 套 | 1 | | |
| 翻译软件 | 英文翻译软件，如有道翻译 | 个 | 1 | | |
| 阅读器软件 | PDF 阅读器，如 Adobe Reader | 个 | 1 | | |
| 1. 工作任务<br>Task | | | | 工作者<br>Mechanic | 检查者<br>Inspector |
| 某 B－5458 飞机一号发动机 N2 转速显示异常，经排故后确定 N2 速度传感器故障，需更换该传感器。请查找该 N2 速度传感器件号信息（执行了服务通告：77－008） | | | | | |
| 2. 工作准备<br>Preparation | | | | 工作者<br>Mechanic | 检查者<br>Inspector |

续表

| | | |
|---|---|---|
| 1)准备好计算机及软件<br>　(1)能流畅运行办公软件的计算机1台；<br>　(2)计算机安装有英语翻译软件及PDF阅读器软件。<br>2)计算机备有本次任务相关的B737-600/700/800手册 | | |
| 3.工作步骤<br>Procedure | 工作者<br>Mechanic | 检查者<br>Inspector |
| (1)打开FM文件，核实B-5458飞机有效性，并记下该飞机的客户有<br>　　效性代码为_____；<br>(2)N2速度传感器是发动机指示系统中的部件，按照ATA 100规范，<br>　　应查找IPC手册(章节)<br>　　77-ENGINE_____；<br>(3)N2转速是发动机转速章节中内容，打开该章目录查找相应的章节<br>　　77-____-____,Engine Assy-(N2 Speed Sensor Only)；<br>(4)阅读以上工卡，找到N2速度传感器件号信息并填到下方：<br>　　(a)N2速度传感器在零件图中的项目号为_____；<br>　　(b)N2速度传感器的件号为_____；<br>　　(c)N2速度传感器的供应商代码_____；<br>　　(d)N2速度传感器拆装参照的AMM手册为_____；<br>　　(e)可替换的件号为_____ | | |
| 4.结束工作<br>Close Out | 工作者<br>Mechanic | 检查者<br>Inspector |
| (1)记录查询结果；<br>(2)关闭所有手册页面和软件；<br>(3)在不使用本工卡的情况下，重复一次查询过程；<br>(4)清扫现场 | | |
| End Of Task | | |

工卡 9：

| 工卡标题 Title | IPC 查询案例 9——前轮轮胎件号查询 | | |
|---|---|---|---|
| 工卡编号 TC No. | | 版本 Revision | |
| 机型 A/C Type | B737－600/700/800 | 飞机注册号 Reg. No. | B－5487 |
| 区域 Zone | 飞机维修手册查询及 CBT 实训室 | 工时（学时） Working Hours | 4 |
| 参考文件 Ref. | B737－600/700/800 飞机 IPC 手册 | | |
| 注意事项 Cautions | (1)课前按要求熟悉相关的专业英语词汇； (2)课前了解ATA 100规范，熟悉 ATA 各章对应的内容； (3)核实飞机有效性，选用正确的手册； (4)课前熟悉不同页码段对应的维修内容 | | |
| 编写 Edited By | | 审核 Examined By | | 批准 Approved By | |
| 日期 Date | | 日期 Date | | 日期 Date | |

| 工具/设备/材料 Tool/Equipment/Material | | | | 工作者 Mechanic | 检查者 Inspector |
|---|---|---|---|---|---|
| 名称 | 规格 | 单位 | 数量 | | |
| 计算机 | N/A | 台 | 1 | | |
| 手册 | B737－600/700/800 手册大全 | 套 | 1 | | |
| 翻译软件 | 英文翻译软件，如有道翻译 | 个 | 1 | | |
| 阅读器软件 | PDF 阅读器，如 Adobe Reader | 个 | 1 | | |
| 1. 工作任务 Task | | | | 工作者 Mechanic | 检查者 Inspector |
| B－5487飞机航后检查发现轮胎磨损超标，需更换主前轮轮胎。查询该前轮轮胎的件号信息 | | | | | |
| 2. 工作准备 Preparation | | | | 工作者 Mechanic | 检查者 Inspector |

续表

| | 工作者<br>Mechanic | 检查者<br>Inspector |
|---|---|---|
| 1)准备好计算机及软件<br>　(1)能流畅运行办公软件的计算机 1 台；<br>　(2)计算机安装有英语翻译软件及 PDF 阅读器软件。<br>2)计算机备有本次任务相关的 B737－600/700/800 手册 | | |
| 3.工作步骤<br>Procedure | 工作者<br>Mechanic | 检查者<br>Inspector |
| (1)打开 FM 文件，核实 B－5487 飞机有效性，并记下该飞机的客户有效性代码为_____；<br>(2)前轮轮胎是起落架系统中的部件，按照 ATA 100 规范，应查找 IPC 手册(章节)<br>　32－____；<br>(3)前轮轮胎，打开 IPC 手册该章目录查找相应的章节<br>　32－____－____－____，Wheel And Tire Instl－Nlg。<br>(4)阅读以上工卡，找到主轮轮胎件号信息并填到下方：<br>　(a)前轮轮胎的项目号为_____；<br>　(b)前轮轮胎的件号为_____；<br>　(c)前轮轮胎的供应商代码为_____；<br>　(d)轮胎的可替换件号为_____ | | |
| 4.结束工作<br>Close Out | 工作者<br>Mechanic | 检查者<br>Inspector |
| (1)记录查询结果；<br>(2)关闭所有手册页面和软件；<br>(3)在不使用本工卡的情况下，重复一次查询过程；<br>(4)清扫现场 | | |
| End Of Task | | |

# 模块 5 线路图解手册(WDM)的使用

线路图解手册是波音飞机的一本客户化手册,它包括飞机所有的导线连接图和各种清单。手册详细描述了电子、电气部件的线路连接关系,描述了部件设备号、件号、数量、供应商,描述面板、设备架的位置、编号、导线束中各导线的型号、尺寸,以及连接件的情况;各接头的位置、插钉的使用等,主要用于消除飞机上有关线路的故障。

## 5.1 线路图解手册的结构

线路图解手册其内容与其他手册的内容同样都是按照 ATA 100 规范和 ATA 2200 规范进行编写的,手册主要由各种清单和线路图组成,这些线路图和清单详细地说明了飞机上所装的设备之间的线路与连接关系。

线路图解手册与前面所介绍的飞机维护手册和图解零部件目录相比较,多了 00 章 GENERAL 和 91 章 CHARTS 的内容,此部分将在后面的章节中进行具体介绍。

在本模块中,线路图解手册将以前言,00 章,系统线路图,91 章,手册查询方法的顺序进行逐一介绍,线路图解手册结构如图 5-1 所示。

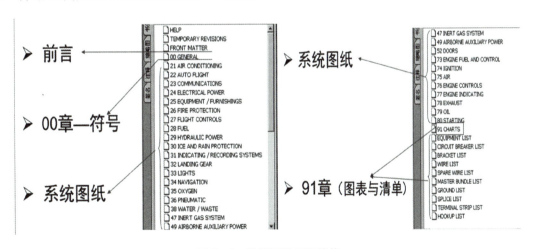

图 5-1 线路图解手册结构

## 5.2 线路图解手册中前言(Front Matter)

以 B737-700/800 飞机为例,在前言中的信息如图 5-2 所示,具体内容见表 5-1。

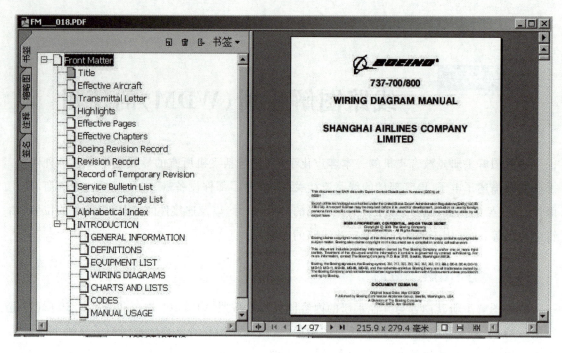

图 5-2 前言所包含信息

表 5-1 前言包含信息

| Title PAGE | 标题页 |
|---|---|
| Effective Aircraft | 飞机的有效性清单 |
| Transmittal Letter | 传送的信函 |
| Highlights | 手册更改集锦 |
| Effective Pages | 飞机有效性清单 |
| Effective Chapters | 章节有效性页清单 |
| Boeing Revision Record | 波音改版纪录 |
| Revision Record | 改版纪录 |
| Record of Temporary Revisions | 临时改版纪录 |
| Service Bulletin List | 服务通告清单 |
| Customer Change List | 客户更改清单 |
| Alphabetical Index | 按字母顺序索引 |
| Introduction | 简介 |

在本手册的查询当中,需要提醒大家注意的是在飞机有效性清单(Effective Pages)中,我们

需要关注有效性代码和厂商图纸号,如图 5－3 所示。

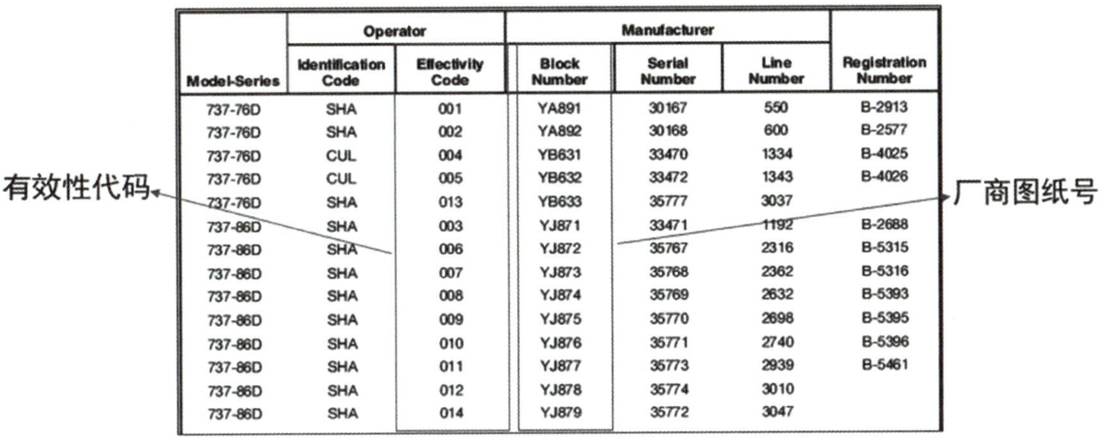

| Model-Series | Operator | | Manufacturer | | | Registration Number |
|---|---|---|---|---|---|---|
| | Identification Code | Effectivity Code | Block Number | Serial Number | Line Number | |
| 737-76D | SHA | 001 | YA891 | 30167 | 550 | B-2913 |
| 737-76D | SHA | 002 | YA892 | 30168 | 600 | B-2577 |
| 737-76D | CUL | 004 | YB631 | 33470 | 1334 | B-4025 |
| 737-76D | CUL | 005 | YB632 | 33472 | 1343 | B-4026 |
| 737-76D | SHA | 013 | YB633 | 35777 | 3037 | |
| 737-86D | SHA | 003 | YJ871 | 33471 | 1192 | B-2688 |
| 737-86D | SHA | 006 | YJ872 | 35767 | 2316 | B-5315 |
| 737-86D | SHA | 007 | YJ873 | 35768 | 2362 | B-5316 |
| 737-86D | SHA | 008 | YJ874 | 35769 | 2632 | B-5393 |
| 737-86D | SHA | 009 | YJ875 | 35770 | 2698 | B-5395 |
| 737-86D | SHA | 010 | YJ876 | 35771 | 2740 | B-5396 |
| 737-86D | SHA | 011 | YJ877 | 35773 | 2939 | B-5461 |
| 737-86D | SHA | 012 | YJ878 | 35774 | 3010 | |
| 737-86D | SHA | 014 | YJ879 | 35772 | 3047 | |



图 5－3　飞机有效性清单

前言中的简介(Introduction)里记录着飞机系统章节部分,包括所有系统的线路图解的简单说明,具体内容见表 5－2。

**表 5－2　线路图解简单说明**

| GENERAL INFORMATION | 通用信息 |
|---|---|
| DEFINITIONS | 定义 |
| EQUIPMENT LIST | 设备清单 |
| WIRING DIAGRAMS | 线路图 |
| CHARTS AND LISTS | 图表和清单 |
| CODES | 代码 |
| MANUAL USAGE | 手册使用 |
| STANDARD WIRING PRACTICES | 标准线路施工 |

## 5.3　线路图解手册中 00 章(Chapter 00)

在 WDM 手册的 00 章中给出了所有出现在系统图纸中导线,电插头和各类电气元件的符号及解释,如图 5－4 所示。

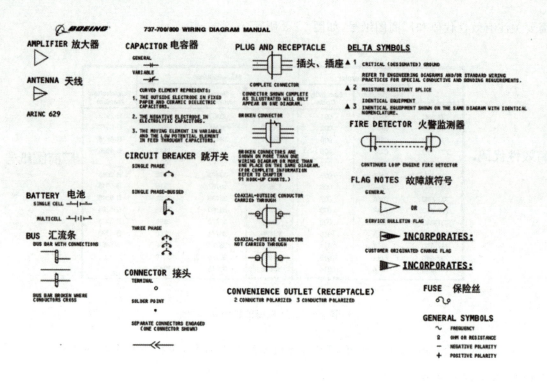

(a)

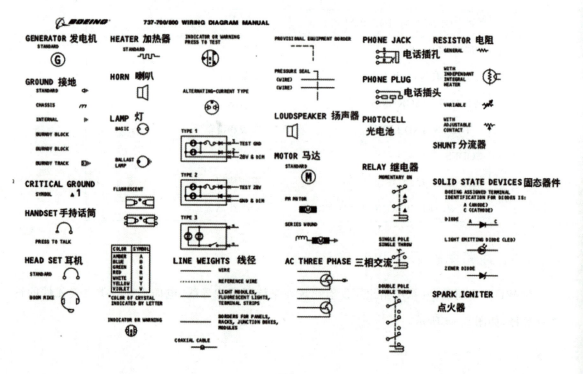

(b)

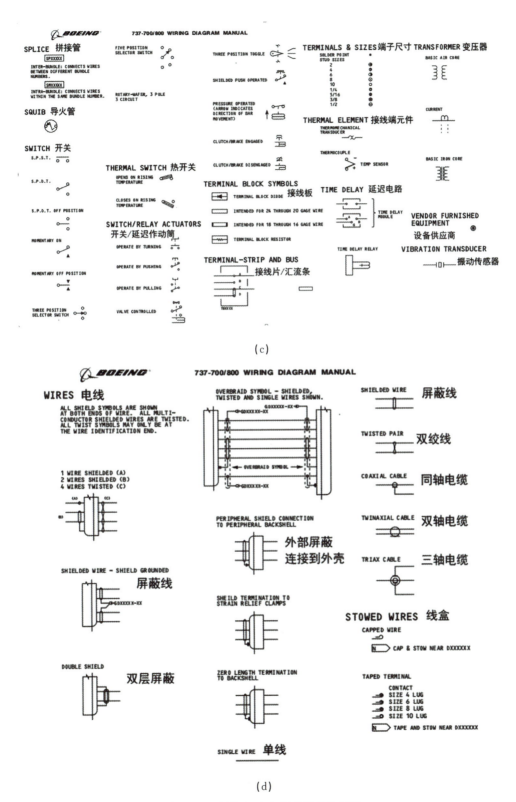

图 5-4 电插头、电气元件符号和解释

作为专业维修人员应当对系统图纸中出现的导线、电插头和各类电气元件的常用符号,以及系统图纸中所用到的各类符号,熟悉掌握,也可利用 WDM 手册的 00 章节进行查询,部分常见符号将结合后续的系统图纸进行学习。

## 5.4 线路图解手册中系统线路图(Wiring Diagrams)

系统线路图给出了控制飞机上所装组件工作的完整线路,从输入电源到接地的所有线路的连接。

### 5.4.1 系统线路图的编号规则

系统线路图的编号方式与前面模块 AMM 手册类似,采用 3 组数字分别来代表系统,子系统和图纸号。

例如:21 - 31 - 22。

(1)21 代表飞机的系统的章号,由 ATA 100 规范;

(2)31 中的 3 代表飞机的子系统,由 ATA 100 规范;

　　31 中的 1 代表飞机的次级子系统,由飞机制造商规范;

(3)22 代表图纸号,由飞机制造商规范,如图 5 - 5 所示。

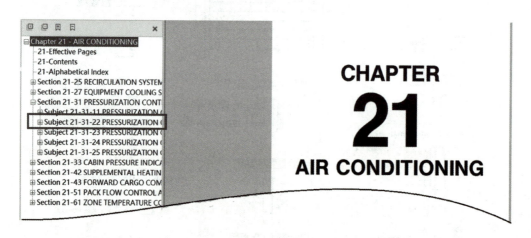

图 5 - 5　系统线路图编号

由于构型不同,同一线路图号的图纸可能存在多页,以 Page 号来加以区分,如:21 - 31 - 22,Page 1 或 21 - 31 - 22,Page 2。

当具有相同线路图编号的线路图有多页时,如图 5 - 6 所示,代表图纸所适用的飞机不同,需要根据有效性决定选用哪一页。

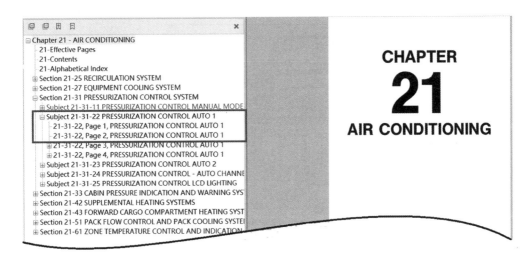

图 5-6　系统线路图 Page 编号

如果一个线路图过大，需要另外增加图纸来反映线路连接关系，这时对于同一个线路图编号、同一页码的图纸会出现 Sheet1(SH1)、Sheet2(SH2)等多张图纸的情况，如图 5-7 所示。

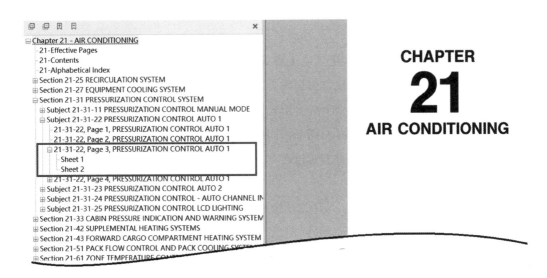

图 5-7　系统线路图 Sheet 编号

对于我们刚才所介绍的系统线路图各类编号方式，在每一张图纸上均会体现出来，如图 5-8 所示。

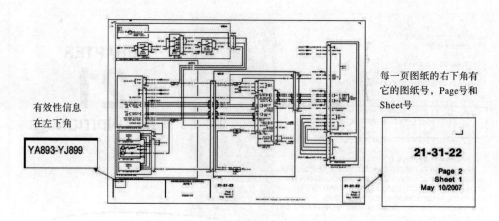

图 5-8 系统线路图

### 5.4.2 系统线路图的组成

1) 基本原则

线路图手册中的系统图纸,除有特别的说明之外,所描绘的是飞机飞行后,在地面已做完关断检查(即断电)之后的系统状态。

2) 图纸基本组成

每份系统的图纸由电源,导线和电气电子设备组成。电气电子设备主要包括有:跳开关、电插头、各类电气元件,系统组件和接地。为识别设备,每个设备都有一个设备号,设备号由字母加数字组成。接下来我们将进行图纸上各个组成部分的学习。

(1) 电源:一般在图纸左上侧会有如图 5-9 所示的系统供电电源信息的说明,图中所示为 28V 的来自 1/2 号汇流条的直流电,并且可以在 24-61-21/24-61-23 参考章节找到相关信息。

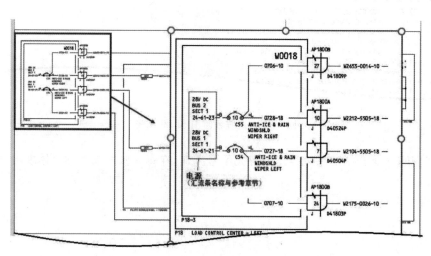

图 5-9 线路图组成——电源

(2)跳开关：飞机上的跳开关起到断开电路，保护设备的作用。跳开关有不同的类型，按照图纸符号所示可以在 00 章节中找到其对应的解释。

例如图 5-10 所示的跳开关，我们可以看到其信息，此跳开关为单项跳开关，额定工作电流 10 A，设备号为 C00055，以及此跳开关的具体名称 Anti-Ice & Rain Windshield Wiper Right，关于设备清单（EQ）的内容将在后续的章节当中学习。

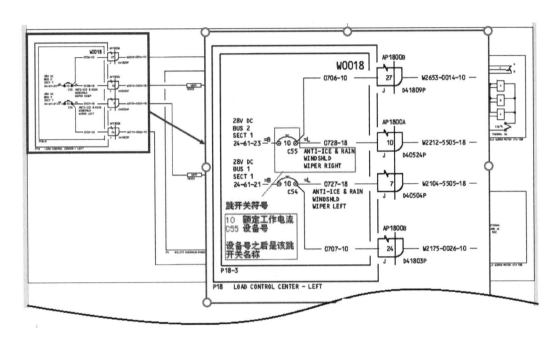

图 5-10　线路图组成——跳开关

(3)电插头：电插头是连接电气线路的机电元件，起到保证电路可靠性的作用。

例如图 5-11 所示的电插头，我们可以看到其设备号为 D41809；因为电插头是由插头和插座两部分组成，因此在电插头符号上可以看到以 P/J 来区分插头和插座；电插头符号上的数字 27 表示连接导线连接的电插头销钉号；AP1800B 代表的是电插头所在的支架设备号，关于设备支架清单（BL）的内容将在后续的章节当中学习。

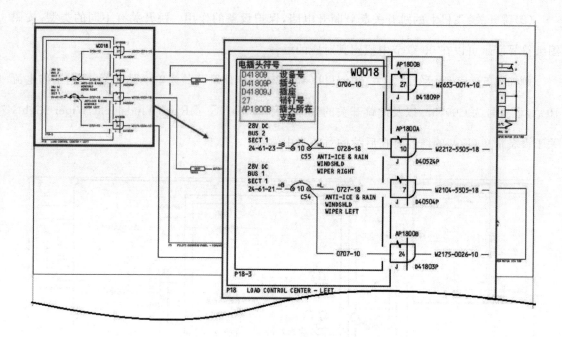

图 5-11　线路图组成——电插头

(4) 导线：飞机上导线的分类、要求较多，我们需要通过图纸来掌握导线的基本信息。

例如图 5-12 所示的导线，从图纸标注可以掌握此导线的信息是位于编号 W2653 线束内的第 0014 号线，线径为 10 号。关于导线清单(WL)的具体内容在后续的章节中介绍。

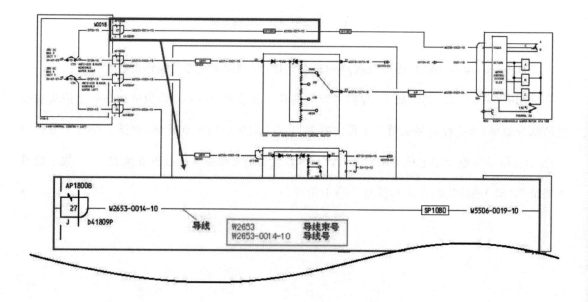

图 5-12　线路图组成——导线

(5)电气元件:连接头就是我们常说的拼接管,作用是连接两根导线,使线路保持通畅。例如图 5-13 所示的连接头,我们可以从中获得连接头的设备号 SP1080,依然可以从后面章节中要学习的拼接管清单(SL)中获取我们需要的具体信息。需要注意的是,连接头设备号有 SP 和 SM 编号两种,其中 SP 代表连接头所连接的导线分属两个导线束,而 SM 代表连接头所连接的导线属于同一导线束。

我们还可以看到图 5-13 中的符号表示与连接头类似,但设备号为 TB503 的是接线盒,其上显示的 VB31,第一个字母表示了接线盒的类型,后面字母与数字的组合表示导线输入的具体行列位置。

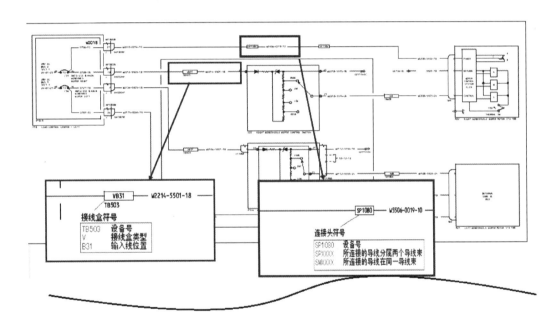

图 5-13 线路图组成——其他电气元件

(6)系统组件:对于图纸中的系统组件同样会有信息提供,一般用一个方框代表一个大的组件或设备架和区域。在查询线路图中某些组件的时候可以利用方框来区别。例如图 5-14 所示的系统组件,我们可以获得其设备号 M22 和组件的名称 Right Windshield Wiper Motor,以及此组件的位置 STA 信息。

(7)接地:对于电气线路图来说,接地也是必不可少的环节,例如图 5-14 所示的接地符号,同样用设备号 GD104 和 DC 类型来表示,可以从后面章节中要学习的接地清单(GL)中获取我们需要的具体信息。

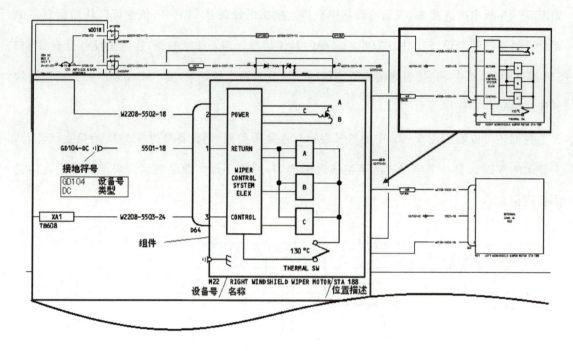

图 5-14 线路图组成——系统组件、接地

## 5.5 线路图解手册中 91 章(Chapter 91)

除系统线路图外,手册中还有各类清单和图表,这些有助于用户查询系统线路图中的各种设备、电气元件的详细资料和位置信息。这些内容都涵盖在 91 章当中。

91 章主要分为两个部分:图表(Charts)和清单(Lists)。

### 5.5.1 图表

91 章的"91-00"至"91-06"为图表部分信息,图表中包含有飞机的站位信息、面板位置、跳开关面板位置、设备安装架位置、接线盒位置、脱开支架位置、线束走向等信息的图纸,如图 5-15 所示。

实际运用中常用来通过查询脱开支架的图纸,接近安装上面的电插头。

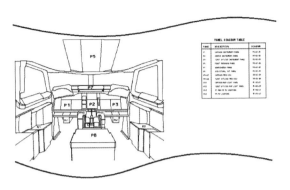
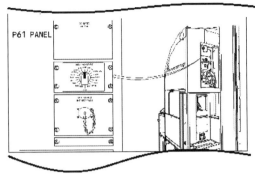

(a) 典型面板图纸

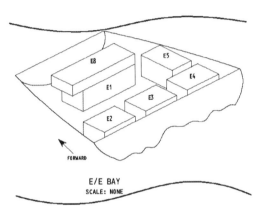

(b) 典型设备架图纸

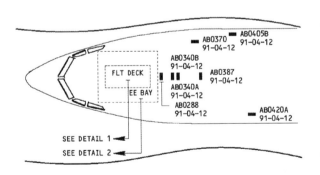
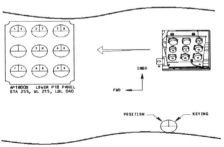

(c) 典型脱开支架图纸

图 5-14 各类图表

### 5.5.2 清单

WDM手册中有各类清单，这些清单见表5-3。

**表5-3 WDM手册清单**

| | |
|---|---|
| Equipment List(EQ) | 设备清单 |
| Circuit Breaker List(CB) | 跳开关清单 |
| Bracket List(BL) | 设备支架清单 |
| Wire List(WL) | 导线清单 |
| Spare Wire List(SL) | 备用导线清单 |
| Master Bundle List(ML) | 主导线束清单 |
| Ground List(GL) | 接地清单 |
| Splice List(PL) | 拼接管清单 |
| Terminal List(TL) | 终端清单 |
| Hookup List(HL) | 连接清单 |

下面我们将分别进行介绍。

1)设备清单(EQ)

在如图5-15所示的设备清单中，按字母数字顺序排列设备号，为用户查询电气电子设备的相关的资料提供交叉索引。通过设备清单可以找到各个航线可更换件(LRU)设备件号、设备件号的描述、参考线路图章节号、站位和飞机的适用性等其他相关信息。在设备清单中不包括：连接管、接地、终端和线束。

| Equip | Opt | Part Number<br>Part Description | Used On Dwg<br>Vendor | Qty | Diagram<br>Station/WL/BL | Effectivity |
|---|---|---|---|---|---|---|
| AB0340A | | 287A4021<br>DISCONNECT BRACKET-LEFT | 287A4181<br>81205 | 1 | 91-04-12<br>340/295/L006 | ALL |
| AB0340B | | 287A4021<br>DISCONNECT BRACKET-RIGHT | 287A4181<br>81205 | 1 | 91-04-12<br>340/296/R006 | ALL |
| AB0358 | | 287A4181<br>DISCONNECT BRACKET | 287A4181<br>81205 | 1 | 23-70-11<br>358/296/L003 | YB633-YB650,<br>YJ874-YJ880 |
| AB0372 | 1 | 287A4358<br>DISCONNECT BRACKET-TEST RECEPTACLES | 287A4352 | 1 | 00-00-00<br>372/184/R050 | ALL |
| AB0373 | | 287A4181<br>DISCONNECT BRACKET | 287A4181<br>81205 | 1 | 91-04-12<br>373/296/L013 | YB633-YJ880 |
| AB0387 | | 287A4021<br>DISCONNECT BRACKET-UPR TCAS ANT | 287A4181 | 0 | 91-04-12<br>387/298/R010 | ALL |

图5-15 设备清单

(1)Equip表示设备号，以字母开头，由字母数字共同组成。设备清单中排列的设备号为字母加5位数字，若已知的设备号不足5位，则前面补零。第一位和第二位字母代表特定的部件，一般D表示插头，C表示跳开关，E表示设备架，G表示发电机，N表示指示器，P表示面板，R表示继电器、变阻器、整流器等。

(2) Opt 表示可选备件使用的优先级,波音可选序号为 0~3,0 或空白表示无可选备件,1 代表第一可选备件,以此类推;客户设置的可选序号为 6~9。

(3) Part Number 表示件号。

(4) Part Description 表示零部件描述,其是对电气设备的用途、功能的简单表述。

(5) Used on Dwg 表示图纸号,此图会包含零部件的详细信息。

(6) Vendor 表示供应商代码,根据代码在手册介绍里可找到供应商信息。

(7) Qty 表示安装数量,指该零部件在飞机上的安装数量。

(8) Diagram 表示参考图号,指零部件所在线路图的图号。

(9) Station/WL/BL 表示零部件的位置信息,Station/WL/BL 表示纵向站位/横向站位/立向站位。

(10) Effectivity 表示飞机的有效性,用飞机编号表示。All 表示适用于飞机清单中的所有飞机。

利用设备清单查找某一设备件号的方法:在设备清单目录中找到所属目录→在所属目录中找到需要查询的设备号→根据适用性选择所需的件号。

2) 跳开关清单(CB)

如图 5-16 所示的跳开关清单是提供安装在飞机上的所有跳开关的信息,可依据跳开关号,查询该跳开关所在线路图的图号,其目录按面板顺序排列。清单上列出面板上所安装的跳开关的位置、设备号、名称、所属系统图纸和适用性。

| Panel/Access Door | | Description | | Diagram | | |
|---|---|---|---|---|---|---|
| | Grid No | Ckt Bkr | Description | | Diagram | Effectivity |
| M01720 | | | CONTROL UNIT-STANDBY POWER | | 24-31-11 | ALL |
| | A001 | C03063 | CB-BAT BUS SECT 3 | | 24-61-11 | ALL |
| | A002 | C01053 | CB-INVERTER VOLTS | | 24-28-11 | ALL |
| | A004 | C01459 | CB-DUAL BAT RCCB REMOTE | | 24-31-11 | ALL |
| | A005 | C01343 | CB-INVERTER REMOTE | | 24-34-11 | ALL |
| | B001 | C01410 | CB-SPCU NORMAL | | 24-31-12 | ALL |
| | B002 | C01411 | CB-SPCU STANDBY | | 24-31-12 | ALL |
| | B003 | C02022 | CB-HOT BAT BUS | | 24-61-11 | ALL |
| | B004 | C00169 | CB-SW HOT BAT BUS | | 24-61-11 | ALL |
| | B005 | C01426 | CB-BAT/STBY SW POS IND | | 24-31-12 | ALL |
| | C001 | C03066 | CB-STBY BUS SECT 1 | | 24-61-11 | ALL |
| | C002 | C03067 | CB-STBY BUS SECT 2 | | 24-31-12 | ALL |
| | C003 | C00025 | CB-TR3-DC IND | | 24-61-11 | ALL |
| | C004 | C03061 | CB-BAT BUS SECT 1 | | 24-61-11 | ALL |
| | C005 | C03062 | CB-BAT BUS SECT 2 | | 24-61-11 | ALL |

图 5-16 跳开关清单

(1) Panel/Access Door 表示跳开关所在的面板/接近门号。

(2) Grid No 指跳开关安装的具体位置。

(3) 黑体 Description 指配电板/接近门的用途和功能的简单叙述。

(4) Ckt Bkr 指跳开关的电气设备号。

(5) Description 描述跳开关的用途和功能。

(6) Diagram 指跳开关在线路图解手册的参考章节号。

(7) Effectivity 指飞机的有效性。

3) 设备支架清单(BL)

如图 5-17 所示的设备支架清单也称为脱开支架清单,提供了安装在飞机上的所有设备支架的信息,清单目录按支架设备号顺序排列,清单给出支架的位置、所安装的插座和插头的设备号、适用性等信息。

| Bracket No. | Description Position | Receptacle | Bundle | Plug | Bundle | Max Pos | Station/WL/BL | Effectivity |
|---|---|---|---|---|---|---|---|---|
| AP0900A | DISCONNECT BRACKET-P9-FWD INSTR PANEL | | | | | 027 | 190/214/0 | ALL |
| | 03 | D04207J | W0001 | D04207P | W2207 | | | ALL |
| | 04 | D40578J | W0001 | D40578P | W5156 | | | YA891-YA892, YB631-YJ899 |
| | 04 | D40578J | W0001 | | | | | YA893-YA899 |
| | 05 | D40824J | W0003 | D40824P | W5514 | | | YA891-YA892, YB631-YJ880 |
| | 05 | D40824J | W0003 | | | | | YA893-YA899, YJ881-YJ899 |
| | 06 | D04237J | W0003 | D04237P | W2237 | | | ALL |
| | 07 | D40580J | W0003 | D40580P | W5160 | | | YA891-YA892, YB631-YJ880 |
| | 07 | D40580J | W0003 | | | | | YA893-YA899, YJ881-YJ899 |
| | 09 | D04221J | W0001 | D04221P | W2221 | | | ALL |

图 5-17 设备支架清单

(1) Bracket No. 表示设备支架的电气设备号。
(2) Description 描述设备支架的用途和功能。
(3) Position 指此设备支架上插头/插座的位置号。
(4) Receptacle 指此设备支架上安装插座的设备号。
(5) 第一个 Bundle 指插座上连接的导线束编号。
(6) Plug 指插头电气设备号。
(7) 第二个 Bundle 指插头上连接的导线束编号。
(8) Max Pos 指此设备支架上的最大安装位置。
(9) Station/WL/BL 用于标识设备支架的具体安装坐标位置,表示纵向站位/横向站位/立向站位。
(10) Effectivity 指飞机的有效性。

4) 导线清单(WL)

如图 5-18 所示的导线清单描述在飞机上安装的导线束和每根导线相关的信息,可通过导线束标记找到每个导线的件号、描述、类型编码、种类、长度、连接的设备、终端、参考线路图章节号和飞机的适用性等相关信息,清单目录按导线束号的顺序排列。

| Bundle No. Wire No. | Part Number GA CO TY | Description Fam | FT-IN | Diagram | From Equip | Term | Type | Splice | To Equip | Term | Type | Splice | Effectivity |
|---|---|---|---|---|---|---|---|---|---|---|---|---|---|
| W0111 | 286A0111 | E1-1 SHELF (continued) | | | | | | | | | | | |
| 2108R | 24  Y2 | EG | 0-0 | 34-21-14 | D10135B | E04 | | | D41155J | A03 | | | ALL |
| 2108Z | | EG | 0-0 | 34-21-14 | GB01104 | ST.. | 1A | | D41155J | PERG | 1F | | ALL |
| 2109B | 24  Y2 | EH | 3-0 | 34-21-14 | D10009A | D02 | | | D41155J | A06 | | | YA891-YA899, YJ871 |
| 2109R | 24  Y2 | EH | 0-0 | 34-21-14 | D10009A | C02 | | | D41155J | A05 | | | YA891-YA899, YJ871 |
| 2109Z | | EH | 0-0 | 34-21-14 | GB01110 | ST.. | 1A | | D41155J | PERG | 1F | | YA891-YA899, YJ871 |
| 2110B | 22  X2 | EI | 2-11 | 34-21-15 | D43211J | B04 | | | D00235B | 99 | | | ALL |
| 2110R | 22  X2 | EI | 0-0 | 34-21-15 | D43211J | A04 | | | D00235B | 121 | | | ALL |
| 2110Z | | EI | 0-0 | 34-21-15 | D43211J | PERG | 1F | | D00235B | | | EI | ALL |
| 2111B | 24  Y2 | EJ | 3-9 | 34-21-23 | D10135A | K02 | | | TB1109Z | B009 | 1A | | YA891-YA892, YB631-YB632, YJ871 |
| 2111B | 24  Y2 | EJ | 3-0 | 34-21-23 | D10135A | K02 | | | TB1109Z | B009 | 1A | | YA893-YA899, YB633-YB650, |

图 5-18 导线清单

(1) Bundle No. 指导线束编号,每一导线束编号以字母"W"开头,后面加4位数字。导线束编号是每个导线号的第一个组成部分。

(2) Wire No. 指导线编号,是每一根导线/电缆的身份标注,在一束导线束中导线编号是唯一的。

(3) Part Number 代表整个导线束的件号。

(4) GA 对应导线的直径的代码,就是常说的导线线号。

(5) CO 对应导线的颜色,如果空白说明是白色的。

典型的导线号为导线束编号＋导线编号＋导线线号,如:W0111－2108R－24,在系统图纸中,为了识别导线,对每根导线都标有导线号。

(6) TY 导线类型代码,由两位字母或数字组成,导线类型代码是查找导线件号和绝缘去除工具的依据。

(7) Fam 簇群,由多根导线组成的导线集合。几根导线可以组合在一起,例如:双绞或屏蔽,组成一根组合线。代码来表示组成的导线之间的联系。

(8) Description 是对导线束用途和功能的简单描述。

(9) FT－IN 代表这根导线的实际长度,FT 是英尺①,IN 是英寸②。对于同一组合线中的导线,只给出其中一根导线的长度。

(10) Diagram 指对应的导线出现在系统图纸中的章节号。

(11) From To 描述导线两头所连接的设备和设备中的接线端。

(12) Equip 描述导线两端连接终端的设备编号。

(13) Term 代表导线连接到设备的哪个终端(接线端)。

(14) Type 指终端类型代码,如果此位置空白说明终端类型是普通类型不做标注,终端类型代码用于查找终端件号。

(15) Splice 指拼接数量,说明此接线端接了几根导线,如果此位置空白说明终端只连接一根导线,如果此位置是＊说明此接线端不止连接一根导线。

(16) Effectivity 指飞机的有效性。

5) 备用导线清单(SL)

如图5－19所示的备用导线清单反映在飞机上安装的备用导线相关的信息,清单目录按备用导线起始端所连接设备的设备号顺序排列,在每个机载设备位置都有备用导线,清单列出了飞机上所有的备用线,所连接的设备和接线端等信息。

---

① 1英尺＝0.3048米

② 1英寸＝0.0254米

| From<br>Equip | Matewith<br>From | Pos<br>Term | Bundle<br>Type | Sep<br>Wire No. | Description<br>GA | TY | To<br>Equip | Term | Type | Matewith | Pos | Effectivity |
|---|---|---|---|---|---|---|---|---|---|---|---|---|
| AB0340A | | 01 | W3058 | RN2 | DISCONNECT BRACKET-LEFT | | | | | | | |
| D40054J | | 5 | | 0284 | 20 | PA | D11070 | CAP | Y | M01418 | | YA891-YA892, |
| D40054J | | 6 | | 0285 | 20 | PA | D11070 | CAP | Y | M01418 | | YA891-YA892, YB631-YJ880 |

图 5-19 备用导线清单

(1) Equip 指备用导线两端连接终端的设备编号。

(2) Pos 指在设备支架上的实际安装位置。

(3) Term 代表备用导线连接到设备的哪个终端(接线端)。

(4) Bundle 指导线束编号。

(5) Type 为跟在终端后面的类型代码,如果此位置空白说明终端类型是普通类型,不做标注。

(6) Sep 是对不同功能的且敏感度不同的导线/电缆进行标注的隔离代码,提醒维护工程技术人员在日常工作和系列改装时必须进行有效的隔离工作。

(7) Wire No. 为导线编号。

(8) GA 对应导线的直径的代码,就是常说的导线线号。

(9) TY 指导线类型代码。

(10) From To 描述备用导线两头所连接的设备和设备中的接线端。

(11) Mate with 指设备支架安装的终端设备的设备编号,这个设备编号可能是连接器、指示器、终端接线块或其他终端设备等。

(12) Pos 指安装位置。

(13) Effectivity 指飞机的有效性。

6) 主导线束清单(ML)

如图 5-20 所示的主导线束清单反映在飞机上安装的主导线束的相关信息,目录按导线束号顺序排列,清单列出飞机上所有的导线束及导线束所连接的设备等信息。

| Bundle<br>Equip | Sep | Description<br>Matewith | Location | MW Connector | MW Bundle | Effectivity |
|---|---|---|---|---|---|---|
| W0080 | RA2 | J24 BOX | | | | |
| D40696J | | AJ0024 | POS 02 | D40696P | W6510 | ALL |
| D40698J | | AJ0024 | POS 03 | D40698P | W5100 | YA891-YJ880 |
| D40698J | | AJ0024 | POS 04 | D40698P | | YJ881-YJ899 |
| D40692J | | AJ0024 | | D40692P | W5158 | ALL |

图 5-20 主线束清单

(1) Bundle 指导线束编号。

(2) Equip 指设备编号。

(3) Sep 指隔离代码。

(4) Description 是对连接导线束的用途和功能的简单叙述。

(5) Mate with 指设备支架安装的终端设备的设备编号,这个设备编号可能是连接器、指示器、终端接线块或其他终端设备等。

(6) Location 指导线束连接的终端设备的实际的安装位置。

(7) MW Connector 指主导线束连接到某个连接器(插头/插座)上的设备编号。

(8) MW Bundle 指飞机上安装的主导线束号。

(9) Effectivity 指飞机的有效性。

7) 接地清单(GL)

如图 5-21 所示的接地清单反映在飞机上所用的设备号分别为 GB 和 GD 两种的接地,其目录按设备号排列,清单中给出接地桩的件号、类型、位置、所连接的导线号和适用性等信息。

| Ground No. Term | Type | Part Number Bundle | Wire No. | GA | CO | Station/WL/BL Diagram | Effectivity |
|---|---|---|---|---|---|---|---|
| GD00408 | | BACC50AN20 | | | | 375/170/R047 | ALL |
| ST.. | 1A | W6414 | 0051 | 20 | | 25-29-11 | ALL |
| AC.. | 1A | W6414 | 0052 | 20 | | 25-29-11 | ALL |
| DC.. | 1A | W6414 | 0519 | 20 | | 24-51-21 | ALL |
| ST.. | 1A | W6414 | 5505 | 20 | | 21-27-21 | ALL |
| ST.. | 1A | W6430 | 5504 | 20 | | 21-27-31 | ALL |

图 5-21 接地清单

(1) Ground No. 指接地桩的设备编号。

(2) Term 代表导线连接到接地桩的哪个终端(接线端)。

(3) Type 为终端类型代码,如果此位置空白说明终端类型是普通类型,不做标注。

(4) Part Number 代表接地桩的件号。

(5) Bundle 指导线束编号。

(6) Wire No. 指导线编号。

(7) GA 对应导线的直径的代码,就是常说的导线线号。

(8) CO 对应导线的颜色,如果空白说明是白色的。

(9) Station/WL/BL 用于标识接地桩的具体安装坐标位置。

(10) Diagram 指导线所在的线路图号。

(11) Effectivity 指飞机的有效性。

8) 拼接管清单(PL)

拼接管分为 SP 和 SM 两种,当拼接管连接的两侧导线束编号不同时用 SP 表示,当拼接管连接的两侧导线束编号相同时用 SM 表示,如图 5-22 所示的拼接管清单仅列出所有设备号为 SP 的拼接管,其目录按设备号排列,清单中给出了与拼接管有关的设备号、导线束编号、导线的类型、位置和适用性等信息。

| Splice No. | Bundle | Station/WL/BL Wire No. | GA | CO | Type | Diagram | Effectivity |
|---|---|---|---|---|---|---|---|
| SP00102 | | 358/201/L020 | | | | | ALL |
| | W6110 | 0020 | 20 | | S | 33-34-11 | ALL |
| | W6110 | 0030 | 20 | | S | 33-34-11 | ALL |
| | W6110 | B-A | | | S | 33-34-11 | ALL |
| SP00104 | | 356/202/R013 | | | | | ALL |
| | W6110 | 0030 | 20 | | S | 33-34-11 | ALL |
| | W6110 | 0040 | 20 | | S | 33-34-11 | ALL |
| | W6110 | B-B | | | S | 33-34-11 | ALL |

图 5-22 拼接管清单

(1)Splice No. 指拼接头编号。

(2)Bundle 指导线束编号。

(3)Station/WL/BL 用来标识拼接头的具体安装坐标位置。

(4)Wire No. 指导线编号。

(5)GA 对应导线的直径的代码,就是常说的导线线号。

(6)CO 对应导线的颜色,如果空白说明是白色的。

(7)Type 指导线的类型代码。

(8)Diagram 指导线所在的线路图号。

(9)Effectivity 指飞机的有效性。

9)终端清单(TL)

如图 5-23 所示的终端清单包括在飞机上安装的所有终端(包括接线带),目录按设备号顺序排列。清单给出终端的件号、类型、位置、所连接的导线、系统图纸号和适用性等信息。

| Terminal No. | Fix | Part Number Term | Type | Bundle | Wire No. | GA | Station/WL/BL CO | Diagram | Effectivity |
|---|---|---|---|---|---|---|---|---|---|
| TB0201 | | S280W555-506 | | | | | P002-00/ / | | ALL |
| TB0201 | Y | S280W555-104 | | | | | P002-00/ / | | ALL |
| TB0201 | Z | S280W555-108 | | | | | P002-00/ / | | ALL |
| | Z | A001 | 1A | W0001 | 0152 | 24 | | 32-64-11 | YA891-YJ880 |
| | Z | A001 | 1A | W0001 | 0161 | 22 | | 34-45-11 | ALL |
| | Z | A001 | 1A | W0001 | 0168 | 22 | | SPARE | YA891-YJ880 |
| | Z | A001 | 1A | W0001 | 0302 | 24 | | 32-64-11 | ALL |
| | Z | A001 | 1A | W0001 | 0328 | 22 | | 34-41-11 | YA891-YJ880 |
| | Z | A001 | 1A | W0003 | 0636 | 22 | | 34-49-11 | ALL |
| | Y | A005 | 1A | W0001 | 0304 | 24 | | 33-25-11 | YA891-YJ880 |
| | Y | A005 | 1A | W0001 | 0315 | 24 | | 33-25-11 | YA891-YJ880 |

图 5-23 终端清单

(1)Terminal No. 指终端设备编号,如:接线柱、接线块和接线排等。

(2)Fix 指拆卸终端需要的工夹具设备的编码,如果空白说明拆卸终端不需要任何工夹具设备。

(3)Part Number 指终端设备的件号。

(4)Term 指终端。

(5)Type 指终端类型代码。

(6)Bundle 指导线束编号。

(7) Wire No. 指导线编号。
(8) GA 对应导线的直径的代码,就是常说的导线线号。
(9) Station/WL/BL 用来标识终端的具体安装坐标位置。
(10) CO 对应导线的颜色,如果空白说明是白色的。
(11) Diagram 指导线所在的参考图号。
(12) Effectivity 指飞机的有效性。

10) 连接清单(HL)

如图 5-24 所示的连接清单列出飞机上除接地、拼接管,终端和单向跳开关之外的所有线路的接线终端设备,其目录按设备号排列。清单给出设备的接线端所连接的导线,系统图纸号和适用性等信息。

| Equip | Term | Station/WL/BL Type | Bundle | Description Wire No. | GA | CO | Diagram | Effectivity |
|---|---|---|---|---|---|---|---|---|
| D00802 | | 664/182/L 020 | | PLUG-CONDUCTIVE CONNECTOR | | | | ALL |
| | 1 | | W1128 | 3601R | 18 | | 28-23-11 | ALL |
| | 2 | | W1128 | 3601Y | 18 | | 28-23-11 | ALL |
| | 3 | | W1128 | 3601B | 18 | | 28-23-11 | ALL |
| | 4 | UNUSED | | | | | | ALL |

图 5-24 连接清单

(1) Equip 指导线两端连接终端的设备编号。
(2) Term 指终端
(3) Station/WL/BL 用于标识拼接头的具体安装坐标位置。
(4) Type 指终端类型代码。
(5) Bundle 指导线束编号。
(6) Description 是对连接设备用途和功能的简单叙述。
(7) Wire No. 指导线编号。
(8) GA 对应导线的直径的代码,就是常说的导线线号。
(9) CO 对应导线的颜色,如果空白说明是白色的。
(10) Diagram 指拼接头所在的参考图号。
(11) Effectivity 指飞机的有效性。

## 5.6 线路图解手册中的手册查询方法介绍

线路图解手册查找基本可分为两种方式:直接查找法和利用各种清单查找法。

### 5.6.1 直接查找法

已知航线可更换件名称或航线可更换件在飞机系统中的章节号,要借助各章节目录进行查阅。

步骤 1:查找相关信息之前,首先确定信息的关键词,判定信息可能在的 ATA 章节。
步骤 2:根据相关信息确定该架飞机的有效性代码。

步骤3：检查临时改版清单有无该信息的临时改版记录。

步骤4：根据相关信息找到该章的目录，通过关键词在目录找到关键词所在的节或分子系统。如果是电子版的手册，还可以通过软件自带的搜索功能输入关键词进行过滤和筛选。

步骤5：根据航线可更换件的章节号，在线路图解手册根据飞机的适应性找到需要的图纸。

【例】 已知有一架 B737-800 机型 B-5511 飞机，需要在线路图解手册中查找左侧客舱再循环风扇(Left Cabin Air Recirculation Fan)的线路图。

步骤1：先根据关键字客舱再循环风扇确定再循环风扇属于 ATA 21 章。

步骤2：根据 B737-800 机型 B-5511 飞机确定该架飞机的有效性代码为 820，批次号是 YF921。

步骤3：检查临时改版清单没有临时改版记录。

步骤4：通过左侧客舱再循环风扇信息可以确定属于 21-25 循环风扇系统，在 21-25 循环风扇系统中找到左侧客舱再循环风扇章节是 21-25-11。

步骤5：根据左侧客舱再循环风扇章节是 21-25-11，在线路图解手册根据飞机的适应性找到需要的图纸。

### 5.6.2  利用各种清单查找法

已知在航空器上根据一根导线/电缆的标记、一个 LRU 组件的设备号、一个终端的设备号、一个连接器的件号和航空器所有与导线/电缆相关的部件和各种终端的件号全部可以在线路图解手册中找到它的位置。

步骤1：根据相关信息确定该架飞机的有效性代码。

步骤2：查找相关信息之前，首先确定信息的关键词，根据关键词的类型确定需要找的清单。

步骤3：在清单中找到该信息的飞机的适用性和线路图解手册的章节号。

步骤4：检查临时改版清单有无该信息的临时改版记录。

步骤5：根据清单中的章节号，在线路图解手册根据飞机的适应性找到需要的图纸。

【例】 已知有一架 B737-800 机型 B-5511 飞机，某跳开关的设备号为 C00413，请根据手册查出它的件号及该跳开关供电的电源。

步骤1：根据 B737-800 机型 B-5511 飞机确定该架飞机的有效性代码为 820，批次号是 YF921。

步骤2：查找相关信息之前，确定信息设备号是 C00413，根据设备号确定需要查找设备号清单。

步骤3：在设备号清单中找到该跳开关的件号为 BACC18AD3，符合该飞机适用性的线路图解手册的章节号 33-29-11 PAGE 1。

步骤4：检查临时改版清单有无该信息的临时改版记录。

步骤5：根据清单中的章节号 33-29-11 PAGE 1，在线路图解手册中找到该跳开关的供电电源为 115 V AC GND SERVICE BUS 1。

## WDM 查询工卡

工卡1：

| 工卡标题<br>Title | WDM 查询任务——左外侧固定着陆灯的故障 | | |
|---|---|---|---|
| 工卡编号<br>TC No. | | 版本<br>Revision | |
| 机型<br>A/C Type | B737NG | 飞机注册号<br>Reg. No. | B-5512 |
| 区域<br>Zone | 飞机维修手册查询及 CBT 实训室 | 工时（学时）<br>Working Hours | 2 |
| 参考文件<br>Ref. | B737NG 飞机维修手册 WDM | | |
| 注意事项<br>Cautions | (1)课前按要求熟悉相关的专业英语词汇；<br>(2)课前了解 ATA 100 规范，熟悉 ATA 各章对应的内容；<br>(3)核实飞机有效性，选用正确的手册；<br>(4)课前熟悉不同页码段对应的维修内容 | | |
| 编写<br>Edited By | | 审核<br>Examined By | 批准<br>Approved By |
| 日期<br>Date | | 日期<br>Date | 日期<br>Date |

| 工具/设备/材料 Tool/Equipment/Material | | | | 工作者<br>Mechanic | 检查者<br>Inspector |
|---|---|---|---|---|---|
| 名称 | 规格 | 单位 | 数量 | | |
| 计算机 | N/A | 台 | 1 | | |
| 手册 | B737NG 手册大全 | 套 | 1 | | |
| 翻译软件 | 英文翻译软件，如有道翻译 | 个 | 1 | | |
| 阅读器软件 | PDF 阅读器，如 Adobe Reader | 个 | 1 | | |
| 1. 工作任务<br>Task | | | | 工作者<br>Mechanic | 检查者<br>Inspector |
| 通过查询 WDM 手册了解左外侧固定着陆灯的线路图，导线清单和终端类型与件号 | | | | | |
| 2. 工作准备<br>Preparation | | | | 工作者<br>Mechanic | 检查者<br>Inspector |

续表

| | 工作者<br>Mechanic | 检查者<br>Inspector |
|---|---|---|
| 1)准备好计算机及软件<br>　(1)能流畅运行办公软件的计算机 1 台；<br>　(2)计算机安装有英语翻译软件及 PDF 阅读器。<br>2)计算机备有本次任务相关的 B737NG 手册 | | |
| 3.工作步骤<br>Procedure | 工作者<br>Mechanic | 检查者<br>Inspector |
| (1)打开 FM 文件,核实 B-5512 飞机有效性,并记下飞机的客户有效<br>　　性代码＿＿＿,批次号＿＿＿；<br>(2)按照 ATA 100 规范,着陆灯属于飞机灯光系统内容,应查找第＿＿＿<br>　　章 Lights；<br>(3)打开该章目录查找着陆灯的章节<br>　　Section＿＿＿-＿＿＿-Landing Lights；<br>(4)发现此章节有多张线路图纸,通过客户有效性信息确认此架机的图<br>　　纸为：<br>　　Subject＿＿＿-＿＿＿-＿＿＿,Page＿＿＿,Exterior Lights-Landing；<br>(5)阅读工卡,在线路图中找到左外侧固定着陆灯连接导线号为：＿＿＿-<br>　　＿＿＿-＿＿＿；<br>(6)在 WDM 的导线清单 WL 中找到上述导线,确定灯组件供电一端的<br>　　终端类型代码为＿＿＿；<br>(7)在 WDM 的 FM 文件的 CODES 中确定上述终端类型代码的描述为<br>　　＿＿＿,终端件号为＿＿＿ | | |
| 4.结束工作<br>Close Out | 工作者<br>Mechanic | 检查者<br>Inspector |
| (1)填写查询结果,保存工卡到指定文件夹,工卡的文件名为班级＋学<br>　　号＋姓名；<br>(2)关闭所有手册页面和软件并关机；<br>(3)清扫现场 | | |
| End Of Task | | |

## 模块 5 线路图解手册(WDM)的使用

工卡 2：

| 工卡标题<br>Title | WDM 查询任务——风挡雨刷马达的故障 | | | |
|---|---|---|---|---|
| 工卡编号<br>TC No. | | 版本<br>Revision | | |
| 机型<br>A/C Type | B737NG | 飞机注册号<br>Reg. No. | B-5528 | |
| 区域<br>Zone | 飞机维修手册查询及 CBT 实训室 | 工时（学时）<br>Working Hours | 2 | |
| 参考文件<br>Ref. | B737NG 飞机维修手册 WDM | | | |
| 注意事项<br>Cautions | (1)课前按要求熟悉相关的专业英语词汇；<br>(2)课前了解 ATA 100 规范,熟悉 ATA 各章对应的内容；<br>(3)核实飞机有效性,选用正确的手册；<br>(4)课前熟悉不同页码段对应的维修内容 | | | |
| 编写<br>Edited By | | 审核<br>Examined By | 批准<br>Approved By | |
| 日期<br>Date | | 日期<br>Date | 日期<br>Date | |

| 工具/设备/材料 Tool/Equipment/Material | | | | 工作者<br>Mechanic | 检查者<br>Inspector |
|---|---|---|---|---|---|
| 名称 | 规格 | 单位 | 数量 | | |
| 计算机 | N/A | 台 | 1 | | |
| 手册 | B737NG 手册大全 | 套 | 1 | | |
| 翻译软件 | 英文翻译软件,如有道翻译 | 个 | 1 | | |
| 阅读器软件 | PDF 阅读器,如 Adobe Reader | 个 | 1 | | |
| 1. 工作任务<br>Task | | | | 工作者<br>Mechanic | 检查者<br>Inspector |
| 通过查询 WDM 手册了解左侧风挡雨刷马达指示的线路图,确定需进一步排故的传感器、电插头的基本情况 | | | | | |
| 2. 工作准备<br>Preparation | | | | 工作者<br>Mechanic | 检查者<br>Inspector |

续表

| | 工作者<br>Mechanic | 检查者<br>Inspector |
|---|---|---|
| 1)准备好计算机及软件<br>　(1)能流畅运行办公软件的计算机1台；<br>　(2)计算机安装有英语翻译软件及 PDF 阅读器。<br>2)计算机备有本次任务相关的 B737NG 手册 | | |
| 3.工作步骤<br>Procedure | 工作者<br>Mechanic | 检查者<br>Inspector |
| (1)打开 FM 文件，核实 B-5528 飞机有效性，并记下飞机的客户有效性代码_____，批次号_____；<br>(2)按照 ATA 100 规范，风挡雨刷马达属于防冰排雨系统，应查找第_____章 Ice And Rain Protection；<br>(3)打开该章目录查找风挡雨刷系统的章节<br>　Section_____-_____Windshield Wiper System；<br>(4)阅读工卡，在线路图中找到左侧风挡雨刷马达指示的线路图，章节号和页码为_____-_____-_____Page；<br>(5)在线路图中找到上述马达连接的电插头设备号为_____，该电插头件号为_____；<br>(6)上述电插头3号孔位所连接的导线编号为_____-_____-_____，该导线另一端所连接的接线盒设备号为_____，类型为_____，位置为_____ | | |
| 4.结束工作<br>Close Out | 工作者<br>Mechanic | 检查者<br>Inspector |
| (1)填写查询结果，保存工卡到指定文件夹，工卡的文件名为班级＋学号＋姓名；<br>(2)关闭所有手册页面和软件并关机；<br>(3)清扫现场 | | |
| End Of Task | | |

工卡 3

| 工卡标题<br>Title | WDM 查询任务——利用导线进行查询 | | | |
|---|---|---|---|---|
| 工卡编号<br>TC No. | | 版本<br>Revision | | |
| 机型<br>A/C Type | B737NG | 飞机注册号<br>Reg. No. | B-5529 | |
| 区域<br>Zone | 飞机维修手册查询及 CBT 实训室 | 工时(学时)<br>Working Hours | 2 | |
| 参考文件<br>Ref. | B737NG 飞机维修手册 WDM | | | |
| 注意事项<br>Cautions | (1)课前按要求熟悉相关的专业英语词汇；<br>(2)课前了解 ATA 100 规范，熟悉 ATA 各章对应的内容；<br>(3)核实飞机有效性，选用正确的手册；<br>(4)课前熟悉不同页码段对应的维修内容 | | | |
| 编写<br>Edited By | | 审核<br>Examined By | | 批准<br>Approved By |
| 日期<br>Date | | 日期<br>Date | | 日期<br>Date |

| 工具/设备/材料 Tool/Equipment/Material | | | | 工作者<br>Mechanic | 检查者<br>Inspector |
|---|---|---|---|---|---|
| 名称 | 规格 | 单位 | 数量 | | |
| 计算机 | N/A | 台 | 1 | | |
| 手册 | B737NG 手册大全 | 套 | 1 | | |
| 翻译软件 | 英文翻译软件，如有道翻译 | 个 | 1 | | |
| 阅读器软件 | PDF 阅读器，如 Adobe Reader | 个 | 1 | | |
| | 1. 工作任务<br>Task | | | 工作者<br>Mechanic | 检查者<br>Inspector |
| 通过查询 WDM 手册，利用导线 W0342-0001-18 查询，电插头设备号，以及所在导线束的件号等信息 | | | | | |
| | 2. 工作准备<br>Preparation | | | 工作者<br>Mechanic | 检查者<br>Inspector |

续表

| 1)准备好计算机及软件<br>　（1）能流畅运行办公软件的计算机 1 台；<br>　（2）计算机安装有英语翻译软件及 PDF 阅读器。<br>2)计算机备有本次任务相关的 B737NG 手册 | | |
|---|---|---|
| 3.工作步骤<br>Procedure | 工作者<br>Mechanic | 检查者<br>Inspector |
| (1)已知导线线号 W0342-0001-18,可以利用＿＿＿文件,查找导线线号 W0342；<br>(2)在 W0342 导线束中找到线号 0001-18 对应的系统图纸号,并核实飞机有效性代码＿＿＿,批次号＿＿＿；<br>(3)该导线连接的两个设备号分别为 From＿＿＿ To＿＿＿；<br>(4)该导线所在的导线束的件号为＿＿＿；<br>(5)需要在具体线路图中查找该导线时,需要打开的具体章节号为＿＿＿-＿＿＿-＿＿＿；<br>(6)可以从系统图纸中找到该导线,并且在图纸中观察到此导线连接的插钉孔位为＿＿＿-＿＿＿ | | |
| 4.结束工作<br>Close Out | 工作者<br>Mechanic | 检查者<br>Inspector |
| (1)填写查询结果,保存工卡到指定文件夹,工卡的文件名为班级＋学号＋姓名；<br>(2)关闭所有手册页面和软件并关机；<br>(3)清扫现场 | | |
| End Of Task | | |

## 工卡 4

| 工卡标题<br>Title | WDM 查询任务——利用设备号进行查询 | | | |
|---|---|---|---|---|
| 工卡编号<br>TC No. | | 版本<br>Revision | | |
| 机型<br>A/C Type | B737NG | 飞机注册号<br>Reg. No. | B－5532 | |
| 区域<br>Zone | 飞机维修手册查询及 CBT 实训室 | 工时（学时）<br>Working Hours | 2 | |
| 参考文件<br>Ref. | B737NG 飞机维修手册 WDM | | | |
| 注意事项<br>Cautions | （1）课前按要求熟悉相关的专业英语词汇；<br>（2）课前了解 ATA 100 规范，熟悉 ATA 各章对应的内容；<br>（3）核实飞机有效性，选用正确的手册；<br>（4）课前熟悉不同页码段对应的维修内容 | | | |
| 编写<br>Edited By | | 审核<br>Examined By | 批准<br>Approved By | |
| 日期<br>Date | | 日期<br>Date | 日期<br>Date | |

| 工具/设备/材料 Tool/Equipment/Material | | | | 工作者<br>Mechanic | 检查者<br>Inspector |
|---|---|---|---|---|---|
| 名称 | 规格 | 单位 | 数量 | | |
| 计算机 | N/A | 台 | 1 | | |
| 手册 | B737NG 手册大全 | 套 | 1 | | |
| 翻译软件 | 英文翻译软件，如有道翻译 | 个 | 1 | | |
| 阅读器软件 | PDF 阅读器，如 Adobe Reader | 个 | 1 | | |
| 1. 工作任务<br>Task | | | | 工作者<br>Mechanic | 检查者<br>Inspector |
| 通过查询 WDM 手册，利用设备号 D00476 查询电插头件号及在系统图纸中的一些信息 | | | | | |
| 2. 工作准备<br>Preparation | | | | 工作者<br>Mechanic | 检查者<br>Inspector |

续表

| | | |
|---|---|---|
| 1)准备好计算机及软件<br>　(1)能流畅运行办公软件的计算机1台；<br>　(2)计算机安装有英语翻译软件及 PDF 阅读器。<br>2)计算机备有本次任务相关的 B737NG 手册 | | |
| 3.工作步骤<br>Procedure | 工作者<br>Mechanic | 检查者<br>Inspector |
| (1)打开 FM 文件，核实 B－5532 飞机有效性，并记下飞机的客户有效性代码_____,批次号_____；<br>(2)利用设备号 D00476,通过_____文件查找 D00476 相关信息；<br>(3)该设备号在文件中显示四条信息，可以通过客户有效性信息确定需要的信息为第_____条；<br>(4)通过查询，可以获知该电插头的件号为_____；<br>(5)需要在具体线路图中查找该电插头时，需要打开的具体章节号为_____－_____－_____。<br>(6)可以从系统图纸中找到该电插头，并且在图纸中获知到电插头的_____和_____销钉与地连接 | | |
| 4.结束工作<br>Close Out | 工作者<br>Mechanic | 检查者<br>Inspector |
| (1)填写查询结果，保存工卡到指定文件夹，工卡的文件名为班级＋学号＋姓名；<br>(2)关闭所有手册页面和软件并关机；<br>(3)清扫现场 | | |
| End Of Task | | |

# 模块 6　系统简图手册(SSM)的使用

系统简图手册是波音飞机的一本客户化手册,它包括飞机机械、电子、电气系统简图。通过本手册,我们可以了解各系统的操作、信号的传输、放大,系统的运行与故障现象、故障原理之间的关系。SSM 手册经常与 WDM 手册组合在一起使用,主要用于系统理解和故障隔离。

## 6.1　系统简图手册的结构

系统简图手册其内容与其他手册的内容同样都是按照 ATA 100 规范和 ATA 2200 规范进行编写的,手册主要由各种清单和系统图组成。

系统简图手册与前面所介绍的飞机维护手册和图解零部件目录相比较,多了 00 章 GENERAL 的内容,此部分将在后面的章节中进行具体介绍。

在本模块中,SSM 手册将以前言,00 章,飞机系统图,手册查询方法的顺序进行逐一介绍,系统简图手册结构如图 6-1 所示。

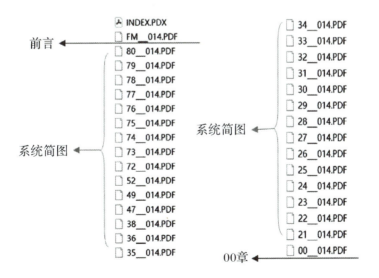

图 6-1　系统简图手册结构

## 6.2 系统简图手册中前言(Front Matter)

以 B737-700/800 飞机为例,在前言中的信息如图 6-2 所示,具体内容见表 6-1。

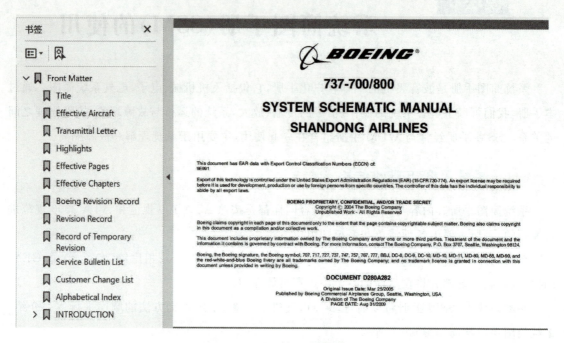

图 6-2　前言所包含信息

表 6-1　前言所包含信息

| | |
|---|---|
| Title Page | 标题页 |
| Effective Aircraft | 飞机的有效性清单 |
| Transmittal Letter | 传送的信函 |
| Highlights | 手册更改集锦 |
| Effective Pages | 飞机有效性清单 |
| Effective Chapters | 章节有效性页清单 |
| Boeing Revision Record | 波音改版纪录 |
| Revision Record | 改版纪录 |
| Record of Temporary Revisions | 临时改版纪录 |
| Service Bulletin List | 服务通告清单 |
| Customer Change List | 客户更改清单 |
| Alphabetical Index | 按字母顺序索引 |
| Introduction | 简介 |

在本手册的查询中,注意在飞机有效性清单中,需要关注有效性代码和厂商图纸号。

前言中的简介里记录着飞机系统章节部分,包括所有系统简图的说明,具体内容见表6-2。

表6-2 系统简图的说明

| GENERAL INFORMATION | 通用信息 |
| --- | --- |
| DEFINITIONS | 定义 |
| SYSTEM SCHEMATIC | 系统简图 |

## 6.3 系统简图手册中00章(Chapter 00)

系统简图手册章节比飞机维护手册和图解零部件目录多了00章 GENERAL 的内容,如图6-3所示。00章节"GENERAL"分为有效页清单、目录、字母索引表和内容,内容包括手册各种符号(包括机械和电子电气符号)名称、站位、飞机面板、地面勤务面板位置等内容。

在系统简图手册概述里有 Dimension And Equipment Location(尺寸和设备位置)、Airplane configuration(飞机外形)、Antenna Location(天线位置)和 Flight Deck(驾驶舱)的内容,系统简图手册章节内容依据 ATA 100 规范分为章、节、主题,每一主题对应某一航线可更换件 LRU,内容为相应系统简图。

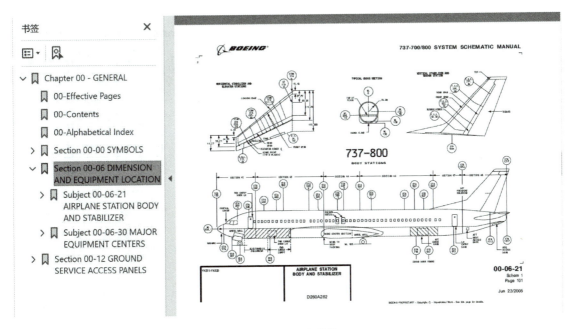

图6-3 00章结构

在SSM手册的00章中给出了所有出现在系统简图中各类元器件的符号和解释,如图6-4所示。

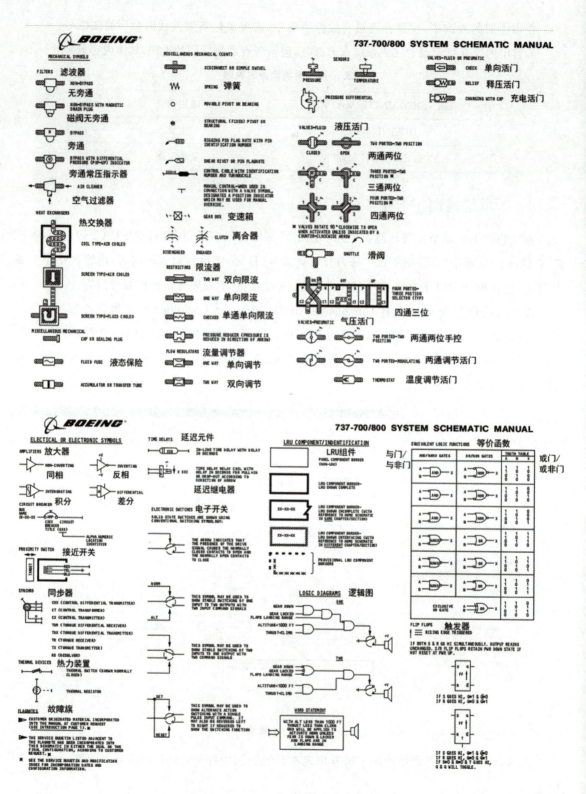

图 6-4 各类元器件符号和解释

作为专业维修人员应当对系统简图中出现的各类元器件的常用符号和系统图中所用到的各类符号熟悉掌握,也可利用 SSM 手册的 00 章节进行查询。

## 6.4 系统简图手册介绍

系统简图手册中的飞机有效性清单、有效性页清单、改版纪录、临时改版纪录和服务通告清单在前面章节中已经做过介绍,以上内容在所有的技术手册中完全相同,在本章中不再重复介绍。

系统简图手册中 21 至 80 章为飞机系统章节,在不同的系统章节里包含电子系统简图、电气系统简图、燃油管路系统简图、滑油管路系统简图、液力油路系统简图、气源管路系统简图和其他系统简图。系统图分为三级别描述系统的功能。

在民用航空器上使用的系统简图手册的简图有三个级别。

级别一:方框图;级别二:简化简图;级别三:简图。

### 6.4.1 方框图的介绍

方框图提供一个主要的系统或一个系统部件的概述,显示主要功能和组成、分组功能和相关接口,如图 6-5 所示。

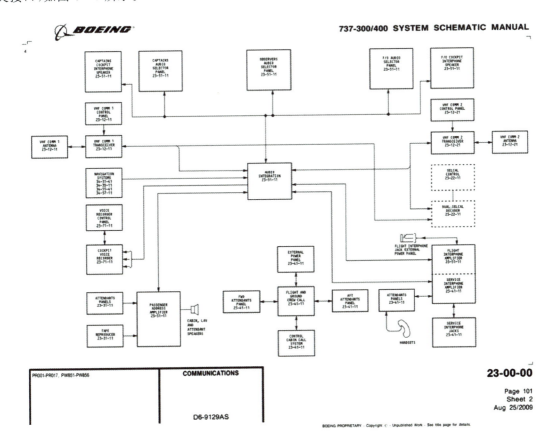

图 6-5　方框图

### 6.4.2 简化简图的介绍

简化简图提供一个系统功能、部件和接口的简化简图,较大的视野表现一个较多的细节超水平的图表,只展示系统功能,不考虑它们在飞机上的位置或它们之间的连接导线,如图 6-6 所示。

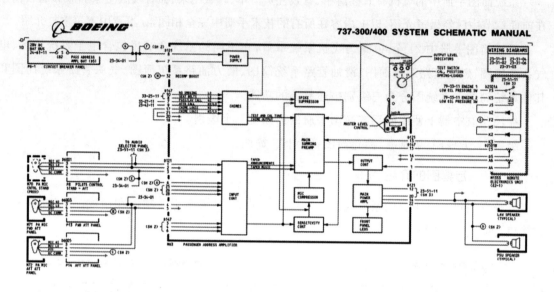

图 6-6　简化简图

### 6.4.3 简图的介绍

简图显示系统的完全功能,其用于航线可更换件(LRU)的故障隔离,提供一个详细的功能、部件、连接线路和接口视图,提供在功能和执行功能部件之间的关系,还包括飞机部件的参考位置,如图 6-7 所示。

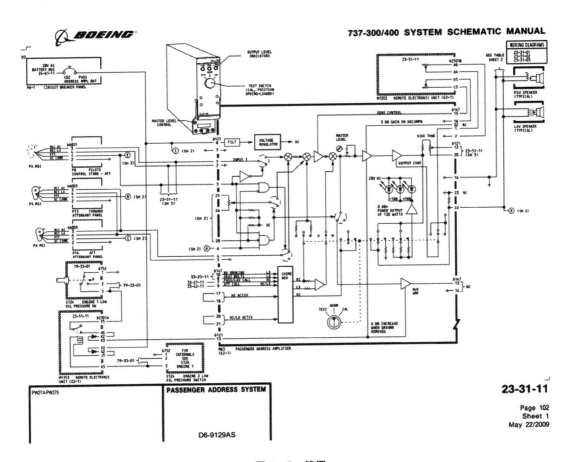

图 6-7 简图

## 6.5 系统简图手册与线路图解手册的关系

前面介绍了系统简图手册经常与线路图解手册组合在一起使用,主要用于系统理解和故障隔离,我们可以从图6-8中了解两种手册之间的关系。

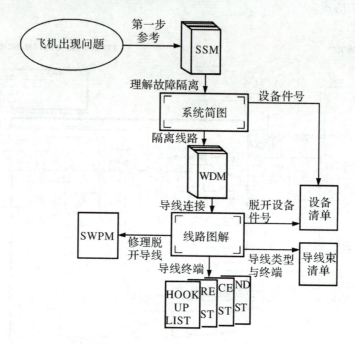

图6-8 SSM与WDM的关系

## 6.6 系统简图手册中手册查询方法介绍

系统简图手册查找基本可分为两种方式:直接查找法和利用各种清单查找法。

### 6.6.1 直接查找法

已知航线可更换件名称或航线可更换件在飞机系统中的章节号,要借助各章节目录进行查阅。

步骤1:查找相关信息之前,首先确定信息的关键词,判定信息可能在的ATA章节。

步骤2:根据相关信息确定该架飞机的有效性代码。

步骤3:检查临时改版清单有无该信息的临时改版记录。

步骤4:根据相关信息找到该章的目录,通过关键词在目录找到关键词所在的节或分子系统。如果是电子版的手册,还可以通过软件自带的搜索功能输入关键词进行过滤和筛选。

步骤5:根据航线可更换件的章节号和飞机的适应性在系统简图手册找到需要的图纸。

【例】有一架B737-800机型B-5511飞机,需要在系统简图手册中查找燃油增压泵。

步骤1:根据关键词 Fuel Boost Pump 确定燃油增压泵属于 ATA 28 章。

步骤2:根据 B737 机型 B-5511 飞机确定该架飞机的有效性代码为820,批次号位是 YF921。

步骤3:检查临时改版清单有无该信息的临时改版记录。

步骤4:通过燃油增压泵信息可以确定属于 28-23 燃油增压泵,在 28-23-11 中找到燃油增压泵图纸。

步骤5:根据 B-5511 飞机的批次号为 YF921,在系统简图手册确定图纸为 28-23-11 page 102。

### 6.6.2 利用各种清单查找法

已知在航空器上根据一个 LRU 组件的设备号、导线束标记和其他手册相关信息可以在系统简图手册中找到它的位置。

步骤1:根据相关信息确定该架飞机的有效性代码。

步骤2:查找相关信息之前,首先确定信息的关键词,根据关键词的类型确定需要找的清单。

步骤3:在线路图解手册的设备清单中找到该信息的飞机的适用性和系统简图手册的章节号。

步骤4:检查临时改版清单有无该信息的临时改版记录。

步骤5:根据线路图解手册的设备清单中的章节号,在系统简图手册根据飞机的适应性找到需要的图纸。

【例】已知有一架 B737-800 机型 B-5511 飞机,需要找到主电瓶(Main Battery)的系统简图,电瓶的设备号是 M6。

步骤1:根据 737-800 机型 B-5511 飞机确定该架飞机的有效性代码为002,批次号是 YF921。

步骤2:从已知得知电瓶的设备号是 M6,确定关键词是设备号 M6,根据关键词确定需要找的设备清单。

步骤3:在线路图解手册的设备清单中找到主电瓶 M6 的飞机的适用性和系统简图手册的章节号。在设备清单中找到该信息的飞机的适用性为 All 和系统简图手册的章节号为 24-31-11。

步骤4:检查临时改版清单有无该信息的临时改版记录。

步骤5:根据清单中的章节号 24-31-11 page 101,在系统简图手册中根据飞机的适应性找到需要的图纸。

## SSM 查询工卡

工卡1：

| 工卡标题<br>Title | SSM 查询任务——利用飞机注册号进行简图查询 | | | |
|---|---|---|---|---|
| 工卡编号<br>TC No. | | 版本<br>Revision | | |
| 机型<br>A/C Type | B737NG | 飞机注册号<br>Reg. No. | B-5512 | |
| 区域<br>Zone | 飞机维修手册查询及 CBT 实训室 | 工时（学时）<br>Working Hours | 2 | |
| 参考文件<br>Ref. | B737NG 飞机维修手册 WDM | | | |
| 注意事项<br>Cautions | (1)课前按要求熟悉相关的专业英语词汇；<br>(2)课前了解 ATA 100 规范，熟悉 ATA 各章对应的内容；<br>(3)核实飞机有效性，选用正确的手册；<br>(4)课前熟悉不同页码段对应的维修内容 | | | |
| 编写<br>Edited By | | 审核<br>Examined By | 批准<br>Approved By | |
| 日期<br>Date | | 日期<br>Date | 日期<br>Date | |

| 工具/设备/材料 Tool/Equipment/Material | | | | 工作者<br>Mechanic | 检查者<br>Inspector |
|---|---|---|---|---|---|
| 名称 | 规格 | 单位 | 数量 | | |
| 计算机 | N/A | 台 | 1 | | |
| 手册 | B737NG 手册大全 | 套 | 1 | | |
| 翻译软件 | 英文翻译软件，如有道翻译 | 个 | 1 | | |
| 阅读器软件 | PDF 阅读器，如 Adobe Reader | 个 | 1 | | |
| 1. 工作任务<br>Task | | | | 工作者<br>Mechanic | 检查者<br>Inspector |
| 通过查询 SSM 手册，利用飞机注册号进行 ADF1 系统简图的查询 | | | | | |
| 2. 工作准备<br>Preparation | | | | 工作者<br>Mechanic | 检查者<br>Inspector |

续表

| | 工作者<br>Mechanic | 检查者<br>Inspector |
|---|---|---|
| 1)准备好计算机及软件<br>　(1)能流畅运行办公软件的计算机1台；<br>　(2)计算机安装有英语翻译软件及PDF阅读器。<br>2)计算机备有本次任务相关的B737NG手册 | | |
| 3.工作步骤<br>Procedure | 工作者<br>Mechanic | 检查者<br>Inspector |
| (1)核实B-5512飞机有效性，需要打开_____文件，并记下飞机的客户有效性代码_____，批次号_____；<br>(2)按照ATA 100规范，ADF属于导航系统内容，应查找第_____章 NAVIGATION；<br>(3)打开该章目录查找ADF的章节<br>　Section _____ - _____ - AUTOMATIC DIRECTION FINDER SYSTEM；<br>(4)发现此章节Subject有NO.1/NO.2两份图纸，通过题目确认需要的图纸为：<br>　Subject _____ - _____ - _____ ，AUTOMATIC DIRECTION FINDER NO.1；<br>(5)在简图中查找ADF1天线，记录其站位信息为_____STA_____，设备号为_____；<br>(6)再用其他手册查询ADF1天线的件号等信息 | | |
| 4.结束工作<br>Close Out | 工作者<br>Mechanic | 检查者<br>Inspector |
| (1)填写查询结果，保存工卡到指定文件夹，工卡的文件名为班级＋学号＋姓名；<br>(2)关闭所有手册页面和软件并关机；<br>(3)清扫现场 | | |
| End Of Task | | |

## 工卡 2

| 工卡标题<br>Title | SSM 查询任务——利用设备号进行简图查询 | | | |
|---|---|---|---|---|
| 工卡编号<br>TC No. | | 版本<br>Revision | | |
| 机型<br>A/C Type | B737NG | 飞机注册号<br>Reg. No. | B-5528 | |
| 区域<br>Zone | 飞机维修手册查询及 CBT 实训室 | 工时(学时)<br>Working Hours | 2 | |
| 参考文件<br>Ref. | B737NG 飞机维修手册 WDM | | | |
| 注意事项<br>Cautions | (1)课前按要求熟悉相关的专业英语词汇；<br>(2)课前了解 ATA 100 规范,熟悉 ATA 各章对应的内容；<br>(3)核实飞机有效性,选用正确的手册；<br>(4)课前熟悉不同页码段对应的维修内容 | | | |
| 编写<br>Edited By | | 审核<br>Examined By | | 批准<br>Approved By |
| 日期<br>Date | | 日期<br>Date | | 日期<br>Date |

| 工具/设备/材料 Tool/Equipment/Material | | | | 工作者<br>Mechanic | 检查者<br>Inspector |
|---|---|---|---|---|---|
| 名称 | 规格 | 单位 | 数量 | | |
| 计算机 | N/A | 台 | 1 | | |
| 手册 | B737NG 手册大全 | 套 | 1 | | |
| 翻译软件 | 英文翻译软件,如有道翻译 | 个 | 1 | | |
| 阅读器软件 | PDF 阅读器,如 Adobe Reader | 个 | 1 | | |
| 1.工作任务<br>Task | | | | 工作者<br>Mechanic | 检查者<br>Inspector |
| 通过查询 SSM 手册,利用设备号 D43363P 进行相关系统简图图纸中天线站位的查询 | | | | | |
| 2.工作准备<br>Preparation | | | | 工作者<br>Mechanic | 检查者<br>Inspector |

续表

| | | |
|---|---|---|
| 1)准备好计算机及软件<br>　(1)能流畅运行办公软件的计算机 1 台；<br>　(2)计算机安装有英语翻译软件及 PDF 阅读器<br>2)计算机备有本次任务相关的 B737NG 手册 | | |
| 3.工作步骤<br>Procedure | 工作者<br>Mechanic | 检查者<br>Inspector |
| (1)核实 B-5528 飞机有效性，需要打开_____文件，并记下飞机的客<br>　户有效性代码_____，批次号_____；<br>(2)利用 WDM 手册中 EQ 文件查询设备号 D43363P 所对应的系统章<br>　节号为_____-_____；<br>(3)按照 ATA 100 规范，获取的章节号代表了飞机_____系统；<br>(4)按照章节号打开 SSM 手册相关文件，发现此章节有两页图纸，根据<br>　飞机有效性信息确定需要查询的图纸为_____-_____-_____<br>　Page_____；<br>(5)在简图中查找系统 1 的 ANT，记录其站位信息为_____STA<br>　_____，设备号为_____；<br>(6)再利用其他手册查询 ANT 的件号等信息 | | |
| 4.结束工作<br>Close Out | 工作者<br>Mechanic | 检查者<br>Inspector |
| (1)填写查询结果，保存工卡到指定文件夹，工卡的文件名为班级＋学<br>　号＋姓名；<br>(2)关闭所有手册页面和软件并关机；<br>(3)清扫现场 | | |
| End Of Task | | |

# 模块 7 故障隔离手册(FIM)

在民用航空器上使用的故障隔离手册是由波音商用飞机集团的维护与工程技术服务部出版,故障隔离手册符合美国航空运输协会 ATA 100 规范,在民用航空器上使用的故障隔离手册是一本客户化的手册,它提供飞机系统的排故程序和信息。

故障隔离手册和故障报告手册一起用于报告故障、排除故障。故障报告手册给机组提供简单故障说明的清单,每个故障说明都有一个 8 位数故障代码或一个 8 位的维护信息与其相对应,当机组发现飞机系统出现问题时,他们根据故障报告手册中故障指示的说明,在飞行记录本中记录故障描述和代码,也可将故障信息通过飞机通信寻址和报告系统(ACARS)传送到维修基地的地面站,从而在飞机到达前维护人员就可进行排故准备。

## 7.1 故障类型

故障隔离手册可以隔离 3 种故障类型。

### 1. 可观察故障

可观察故障是指机组和维护人员可以观察到的故障现象,如:襟翼手柄操纵困难,轮胎磨损等,如图 7-1 所示。

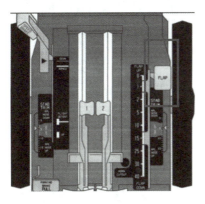

图 7-1 可观察故障现象

可观察故障分为以下 4 种类型:

(1) 显示在仪表板上的故障,包括:故障灯亮;出现故障警告旗;出现警告信息;指示值偏离正常值等。

(2) 机组在驾驶舱或者绕机检查时发现的故障。

(3) 勤务人员发现的故障。

(4)维护人员观察到的故障。

2. 客舱故障

客舱故障是指客舱系统或设备产生的故障,例如:厨房电炉不工作,如图7-2所示。

图7-2 客舱故障现象

3. 维护信息

维护信息是指在做系统或部件自检测试时得到的故障信息,包括有:指示灯,代码,带数字或不带数字的词组。大多数的电子设备舱或设备架上的机载设备都是在部件的前面板做自检测试,也有部分的自检测试是在驾驶舱进行的,如图7-3所示。

图7-3 设备自检

## 7.2 故障隔离手册的结构

故障隔离手册的章节是按照ATA 100规范进行编写的。故障隔离手册分为:前言和飞机系统章节。

以 B737-600/700/800 为例,在 FIM 手册的前言中包含的主要信息见图 7-5,其具体内容见表 7-1。

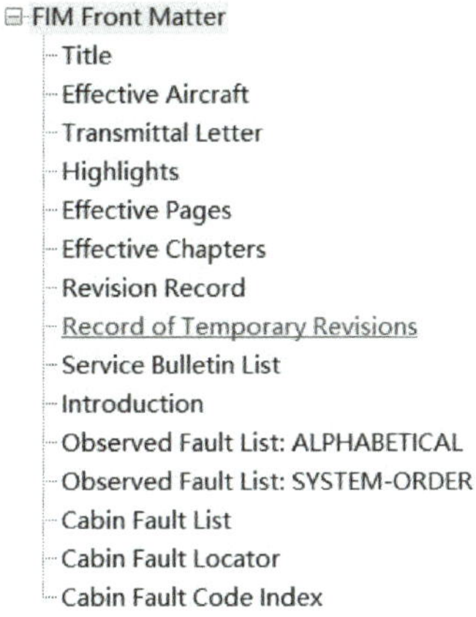

表 7-1　FIM 手册前言目录

| Observed Fault List：ALPHABETICAL | 可观察故障清单：按照字母顺序排列的 |
|---|---|
| Observed Fault List：SYSTEM-ORDER | 可观察故障清单：按照系统顺序排列的 |
| Cabin Fault List | 客舱故障清单 |
| Cabin Fault Locator | 客舱故障位置 |
| Cabin Fault Code Index | 客舱故障代码索引 |

图 7-5　FIM 手册前言目录

FIM 手册章节目录见图 7-6,在系统章节中包含的信息见表 7-2。

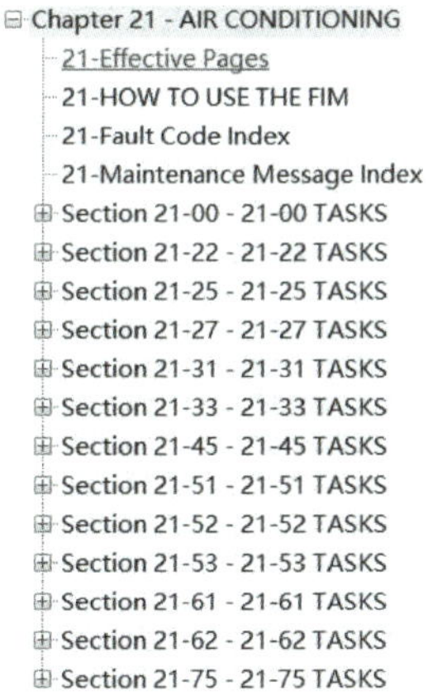

表 7-2　FIM 手册章节目录

| Effective Pages | 有效页清单 |
|---|---|
| HOW TO USE THE FIM | 如何使用 FIM 手册 |
| Fault Code Index | 故障代码索引表 |
| Maintenance Message Index | 维护信息索引表 |

图 7-6　FIM 手册章节目录

## 7.3　故障隔离手册前言的介绍

### 7.3.1　可观察故障清单

可观察故障清单(Observed Fault List)排列顺序有 2 种方式,一种是按照字母顺序排列,另一种是按照系统顺序排列;可观察故障清单根据故障描述找到故障代码和故障隔离程序;由于可观察故障清单是按照故障描述关键词进行排序的,不同用户描述故障的关键词起始点有所不同,可能导致在可观察故障清单中同一个故障在不同位置同时出现,但它们对应的故障代码和故障隔离程序是相同的。

### 7.3.2 客舱故障清单

客舱故障清单(Cabin Fault List)是根据系统功能按照字母顺序排列的,客舱故障清单根据故障描述找到故障代码和故障隔离程序,如图7-7所示。

故障现象按以下系统划分:①通信和广播;②门/窗;③应急设备;④厨房;⑤娱乐设备;⑥灯光;⑦杂项;⑧座椅;⑨厕所。

图 7-7 客舱故障清单

### 7.3.3 客舱故障代码索引表

客舱故障代码索引表是利用客舱故障代码,查询故障描述和故障隔离程序的索引表,如图 7-8 所示。

客舱故障代码由 1 个字母和 7 位数字组成;第 1 个字母代表子系统,其中:C 代表通信/广播;D 代表门/窗;E 代表紧急设备;G 代表厨房;I 代表娱乐系统;L 代表灯光;M 代表杂项;S 代表座椅;T 代表厕所。

第 2、3 位的数字是生产厂商根据子系统部件规定的。

第 4、5 位的数字是按故障规定的。

第 6、7、8 位是生产厂商根据维护和安装位置规定的。

| FAULT CODE | FAULT DESCRIPTION | GO TO FIM TASK |
| --- | --- | --- |
| C12 12 --- | Cabin attendant handset: damaged. | AIRLINE METHOD |
| C12 20 --- | Cabin attendant handset: distorted. | 23-41 TASK 804 |
| C12 33 --- | Cabin attendant handset: inoperative. | 23-41 TASK 804 |
| C12 65 --- | Cabin attendant handset: volume problem. | 23-41 TASK 804 |
| C14 65 --- | Chimes: volume problem. | 23-31 TASK 802 |
| C14 83 --- | Chimes: does not turn off. | 23-31 TASK 803 |
| C14 84 --- | Chimes: does not turn on. | 23-31 TASK 804 |
| C16 20 --- | Passenger address system: distorted. | 23-31 TASK 805 |
| C16 33 --- | Passenger address system: inoperative. | 23-31 TASK 805 |
| C16 34 --- | Passenger address system: intermittent. | 23-31 TASK 805 |
| C16 65 --- | Passenger address system: volume problem. | 23-31 TASK 802 |
| C17 33 --- | Speaker: inoperative. | 23-31 TASK 806 |

图 7-8 客舱代码索引表

## 7.4 故障隔离手册章节内容的介绍

### 7.4.1 故障隔离手册的使用方法

(1)得到故障信息,故障信息可能是可观察故障或客舱故障。

(2)做自检试验,获得更多信息。如果已经完成自检试验,可以直接查询手册。

(3)查找故障隔离任务。通过故障代码或已知的故障现象找到故障隔离任务号。

(4)按故障隔离程序的步骤实施。实施故障隔离程序前飞机状态如下:

◆ 外电源接通;

◆液压源、气源关闭；

◆发动机停车；

◆该系统无设备不能工作。

实施故障隔离程序时应查看以前的维修记录,避免重复进行不必要的工作。FIM 手册使用步骤如图 7-9 所示。

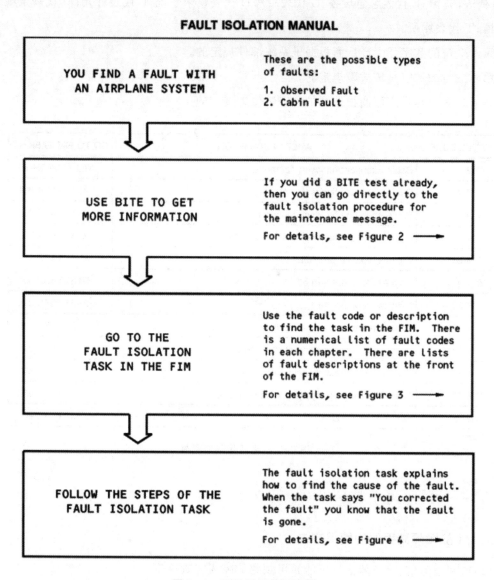

图 7-9　FIM 手册使用步骤

## 7.4.2　故障代码索引表

故障代码清单给出该系统所有的故障代码、故障现象和故障隔离程序,可以通过已知的故障代码进行查询,故障代码由8位数字组成,如图7-10所示。

第1、2位的数字是章;

第3位数字是节的第1位;

第4、5、6位的数字是生产厂商根据子系统维护故障规定的;

第7、8位的数字是根据安装位置规定的。

**737-600/700/800/900**
**FAULT ISOLATION MANUAL**

| FAULT CODE | FAULT DESCRIPTION | GO TO FIM TASK |
|---|---|---|
| 212 100 00 | EQUIP COOLING SUPPLY OFF light: light on with switch at ALTERNATE. | 21-27 TASK 807 |
| 212 110 00 | EQUIP COOLING SUPPLY OFF light: light on with switch at NORMAL. | 21-27 TASK 808 |
| 213 010 00 | AUTO FAIL light: light on and ALTN light on, AUTO FAIL light goes off when pressurization mode selector switch is at ALTN. | 21-31 TASK 801 |
| 213 020 00 | AUTO FAIL light: light on, ALTN light not on. | 21-31 TASK 801 |
| 213 030 00 | Manual mode control of aft outflow valve: does not operate. | 21-31 TASK 811 |
| 213 040 00 | CABIN ALT indication: fluctuates. | 21-31 TASK 801 |
| 213 050 00 | Pressurization: cannot keep the correct cabin pressure. | 21-31 TASK 801 |
| 213 060 00 | Cabin altitude warning system: does not operate. | 21-33 TASK 801 |
| 213 080 00 | CABIN CLIMB indicator: does not operate, pointer does not move. | 21-33 TASK 802 |
| 213 090 00 | FLT ALT display: indication blank. | 21-31 TASK 813 |
| 213 100 00 | LAND ALT display: indication blank. | 21-31 TASK 814 |
| 213 110 00 | MANUAL VALVE indicator: does not operate, pointer does not move. | 21-31 TASK 812 |
| 213 121 00 | Cabin altitude and differential pressure gauge: indicates high cabin pressure differential and low cabin altitude. | 21-33 TASK 803 |
| 215 010 00 | Fog, high humidity, or ice in cabin. | 21-51 TASK 801 |
| 215 015 00 | Noise, pounding heard through air distribution system. | 21-51 TASK 802 |

图7-10 故障代码索引表

## 7.4.3 维护信息索引表

每个章节的维护信息索引表都有一张飞机上所有能做自检的部件的索引,以方便用户查询这些部件所属的系统,每个系统中的维护信息索引列出该系统中能通过自检得到的维护信息。每个系统中可能有若干个可以做自检的部件,维护信息索引的第一列为该部件的简写。对每个部件的每个维护信息,都有一个对应的FIM工卡号,如图7-11所示。

**737-600/700/800/900**
**FAULT ISOLATION MANUAL**

| LRU/SYSTEM | SHORT NAME | CHAPTER |
|---|---|---|
| Air Data Inertial Reference System | ADIRS | 34 |
| Air Traffic Controller Transponder - 1 (Left) | ATC XPDR - 1 (L) | 34 |
| Air Traffic Controller Transponder - 2 (Right) | ATC XPDR - 2 (R) | 34 |
| Airborne Vibration Monitor System Signal Conditioner | AVM SIG COND | 77 |
| Antiskid Control Unit | ANTISKID | 32 |
| Automatic Direction Finder Receiver - 1 | ADF RECVR - 1 | 34 |
| Automatic Direction Finder Receiver - 2 | ADF RECVR - 2 | 34 |
| Autothrottle System | A/T | 22 |
| Auxiliary Power Unit | APU | 49 |
| Auxiliary Power Unit Generator Control Unit | APU GCU | 24 |
| Bus Power Control Unit | BPCU | 24 |
| Cabin Pressure Controller | CAB PRESS CON | 21 |
| Cabin Temperature Controller | CAB TEMP CONT | 21 |
| Cargo Electronic Unit - Forward | CEU - FWD | 26 |
| Cargo Electronic Unit - Lower | CEU - LOWER | 26 |
| Cargo Electronic Unit - Main Aft | CEU - MAIN AFT | 26 |
| Cargo Electronic Unit - Main Forward | CEU - MAIN FWD | 26 |
| Common Display System | CDS | 31 |
| Compartment Overheat Detection Control Module | WING/BODY OHT | 26 |
| Digital Flight Control System | DFCS | 22 |
| Distance Measurement Equipment Interrogator | DME INTRROGTR | 34 |
| Electrical Meters, Battery, and Galley Power Module | P5-13 | 24 |
| Electronic Engine Controller - 1 | ENGINE - 1 | 73 |
| Electronic Engine Controller - 2 | ENGINE - 2 | 73 |
| Emergency Locator Transmitter | ELT | 23 |
| Engine Accessory Unit | ENG ACCY UNIT | 78 |
| Engine and Auxiliary Power Unit Fire Detection Control Module | ENG/APU FIRE | 26 |
| Flap/Slat Electronics Unit | FSEU | 27 |
| Flight Data Acquisition Unit | FDAU | 31 |
| Flight Management Computer System | FMCS | 34 |
| Fuel Quantity Indicating System | FQIS | 28 |
| Generator Control Unit - 1 | GCU - 1 | 24 |
| Generator Control Unit - 2 | GCU - 2 | 24 |
| Ground Proximity Computer | GROUND PROX | 34 |

EFFECTIVITY
XIA ALL

**21-MAINT MSG INDEX**

Page 101
Oct 15/2009

D633A103-XIA

## BOEING
### 737-600/700/800/900
### FAULT ISOLATION MANUAL

| LRU/SYSTEM | MAINTENANCE MESSAGE | GO TO FIM TASK |
|---|---|---|
| 35 DEG CONT L | POSN 1 - NO GO | 21-52 TASK 802 |
| 35 DEG CONT L | POSN 2 - GO, 35F CONTROL VALVE NOT OPEN | 21-52 TASK 812 |
| 35 DEG CONT L | POSN 2 - NO GO | 21-52 TASK 804 |
| 35 DEG CONT L | POSN 3 - NO GO | 21-52 TASK 806 |
| 35 DEG CONT L | POSN 4 - GO, 35F CONTROL VALVE NOT CLOSED | 21-52 TASK 813 |
| 35 DEG CONT L | POSN 4 - NO GO | 21-52 TASK 808 |
| 35 DEG CONT L | POSN 5 - NO GO | 21-52 TASK 810 |
| 35 DEG CONT R | POSN 1 - NO GO | 21-52 TASK 803 |
| 35 DEG CONT R | POSN 2 - GO, 35F CONTROL VALVE NOT OPEN | 21-52 TASK 814 |
| 35 DEG CONT R | POSN 2 - NO GO | 21-52 TASK 805 |
| 35 DEG CONT R | POSN 3 - NO GO | 21-52 TASK 807 |
| 35 DEG CONT R | POSN 4 - GO, 35F CONTROL VALVE NOT CLOSED | 21-52 TASK 815 |
| 35 DEG CONT R | POSN 4 - NO GO | 21-52 TASK 809 |
| 35 DEG CONT R | POSN 5 - NO GO | 21-52 TASK 811 |
| CAB PRESS CON | ACFT RATE HI | 21-31 TASK 815 |
| CAB PRESS CON | AUTO/MAN ERROR | 21-31 TASK 821 |
| CAB PRESS CON | CAB DIFF PRESS HI | 21-31 TASK 816 |
| CAB PRESS CON | CAB PRESS SW ACTIV | 21-31 TASK 820 |
| CAB PRESS CON | CAB RATE HI | 21-31 TASK 818 |

(b)

图 7-11 维护信息索引表

### 7.4.4 故障隔离程序介绍

系统中故障隔离工卡按其所属的章节归类。工卡的编号方式基于"飞机维护工卡导向支持系统"的格式。通过索引中得到的 FIM 工卡号，如：21-27 Task 808 目录中与之对应的是 21-27 中尾号为 808 的工卡，如图 7-12 所示。

## BOEING
## 737-600/700/800/900
## FAULT ISOLATION MANUAL

| FAULT CODE | FAULT DESCRIPTION | GO TO FIM TASK |
|---|---|---|
| 212 110 00 | EQUIP COOLING SUPPLY OFF light: light on with switch at NORMAL. | 21-27 TASK 808 |
| 213 010 00 | AUTO FAIL light: light on and ALTN light on, AUTO FAIL light goes off when pressurization mode selector switch is at ALTN. | 21-31 TASK 801 |
| 213 020 00 | AUTO FAIL light: light on, ALTN light not on. | 21-31 TASK 801 |
| 213 030 00 | Manual mode control of aft outflow valve: does not operate. | 21-31 TASK 811 |
| 213 040 00 | CABIN ALT indication: fluctuates. | 21-31 TASK 801 |
| 213 050 00 | Pressurization: cannot keep the correct cabin pressure. | 21-31 TASK 801 |
| 213 060 00 | Cabin altitude warning system: does not operate. | 21-33 TASK 801 |
| 213 080 00 | CABIN CLIMB indicator: does not operate, pointer does not move. | 21-33 TASK 802 |
| 213 090 00 | FLT ALT display: indication blank. | Reference Not Currently Available |
| 213 100 00 | LAND ALT display: indication blank. | Reference Not Currently Available |
| 213 110 00 | MANUAL VALVE indicator: does not operate, pointer does not move. | Reference Not Currently Available |
| 213 121 00 | Cabin altitude and differential pressure gauge: indicates high cabin pressure differential and low cabin altitude. | 21-33 TASK 803 |

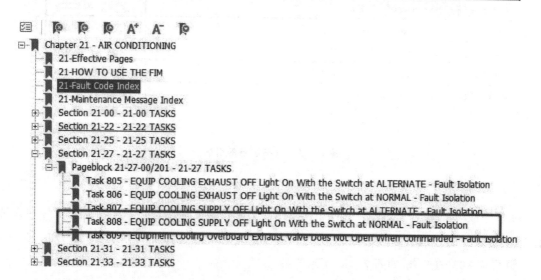

图 7-12　21-27 Task 808 工卡

如果系统中的自检程序具有以下任一特点，则该自检程序被编为该章节中的第一份工卡。

◆自检程序比较复杂；

◆能通过自检得到维护信息；

◆做自检前有准备步骤。

在某些章节的最后一份工卡的后面,附有工卡帮助页。工卡帮助页中包含有系统简单原理、部件位置和接近的图示与图表,为完成工卡提供帮助,如图7-13所示。

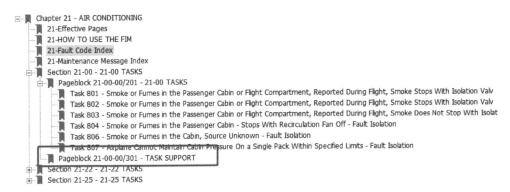

图7-13 工卡帮助页

FIM手册故障隔离工卡给出隔离故障的具体步骤。工卡的内容按一定的格式顺序排列如下:概述(Description)、可能原因清单(Possible Causes)、跳开关清单(Circuit Breakers)、相关的资料(Related Data)、初始判断(Initial Evaluation)、故障隔离程序(Fault Isolation Procedure)、修复确认(Repair Confirmation),如图7-14所示。

(1)概述:对故障的情况进行详细阐述。对于某些故障,给出故障产生的逻辑、条件和输入。

(2)可能的原因:列出将要出现在故障隔离步骤中的所有可能的故障原因。需要注意的是,可能的原因按顺序排列,第一个为最有可能的原因,以此类推。

(3)跳开关清单:列出相关的跳开关,这些跳开关是与故障有关的线路中的一部分。每个跳开关均给出它的位置、设备号和名称。

(4)相关的资料:作为参考,给出适用于此故障的其他手册和章节号。

(5)初始判断:初始判断工作用来验证故障的情况在当前依旧存在。初始判断部分的主要目的是帮助用户在开始执行故障隔离任务时,能立刻找到故障发生的原因。如果不能快速找到故障发生的原因,故障隔离任务将无法进行,初始判断部分将这种类型的故障定义为间歇性故障。如果是间歇故障用户必须采用判断的方法进行故障隔离程序,如果在今后飞行中偶尔出现此故障,必须对飞机系统进行长时间的监控。初始判断部分能快速找到故障原因,进行故障隔离程序,纠正故障对飞机的影响。

(6)故障隔离程序:故障隔离程序是按顺序排列的工作步骤,提供给维修人员不同的路径来隔离故障。

(7)修复确认:修复确认用来验证故障是否已经排除。如果确认工作比较简单,则会出现在故障隔离程序步骤中。如果确认工作比较多,则这些工作步骤会有个单独的段落。

故障隔离程序将会在每项纠正工作后,要求做修复确认工作。如果经验证故障依旧存在,则应继续执行故障隔离程序的下一步工作。

**737-600/700/800/900**
**FAULT ISOLATION MANUAL**

### 801. COWL ANTI-ICE Light is On - Fault Isolation

A. Description

   (1) The COWL ANTI-ICE light is on.

   (2) The duct overpressure switch indicates a duct overpressure.

B. Possible Causes

   (1) CTAI duct overpressure switch, S806

   (2) Engine and wing anti-ice panel, P5-11

   (3) Wiring problem

   (4) Inlet cowl thermal anti-ice (TAI) valve

C. Circuit Breakers

   (1) These are the primary circuit breakers related to the fault:

   CAPT Electrical System Panel, P18-3

   | Row | Col | Number | Name |
   |---|---|---|---|
   | A | 6 | C00148 | ANTI-ICE & RAIN ENG 1 & WING CONT |
   | A | 7 | C01001 | ANTI-ICE & RAIN ENG 1 COWL AI VALVE |
   | B | 6 | C00149 | ANTI-ICE & RAIN ENGINE 2 CONTROL |
   | B | 7 | C01002 | ANTI-ICE & RAIN ENG 2 COWL AI VALVE |

D. Related Data

   (1) Component Location (Figure 301, Figure 302)

   (2) (SSM 30-21-11)

   (3) (WDM 30-21-11)

   (4) (WDM 30-21-21)

E. Initial Evaluation

   (1) Look at the COWL ANTI-ICE light.

   (a) If the light is on, then do the Fault Isolation Procedure below.

   (b) If the light is not on, then there was an intermittent fault or there was an overpressure condition in the engine cowl thermal anti-ice duct.

   NOTE: If N2 speed was exceeded, do this procedure to inspect the engine: (AMM TASK 71-00-00-800-804-F00).

   (c) If the light comes on only while the engine is running, then there is an overpressure condition in the engine cowl thermal anti-ice duct. For an overpressure condition, replace the inlet cowl thermal anti-ice (TAI) valve.

F. Fault Isolation Procedure

   (1) Do these steps to prepare for fault isolation:

   (a) Open these circuit breakers and install safety tags:

   CAPT Electrical System Panel, P18-2

   | Row | Col | Number | Name |
   |---|---|---|---|
   | B | 4 | C01003 | ENGINE 1 THRUST REVERSER IND |

EFFECTIVITY
XIA ALL

30-21 TASK 801

(a)

**BOEING**
**737-600/700/800/900**
**FAULT ISOLATION MANUAL**

(d) For the left COWL ANTI-ICE light, do a wiring check between these pins of connector DP1302 at the overpressure switch and connector D462 at the P5-11 panel:

```
DP1302                          D462
pin 1  --------------------  pin 13
```

(e) For the right COWL ANTI-ICE light, do a wiring check between these pins of connector DP1302 at the overpressure switch and connector D648 at the P5-11 panel:

```
DP1302                          D648
pin 1  --------------------  pin 11
```

(f) If you find a problem with the wiring, then do these steps:
  1) Repair the wiring.
  2) Re-connect the connector D462 or D648 on the engine and wing anti-ice panel.
  3) Re-connect the connector DP1302 on the CTAI duct overpressure switch.
  4) Remove the safety tags and close these circuit breakers:

  CAPT Electrical System Panel, P18-3

  | Row | Col | Number | Name |
  | --- | --- | --- | --- |
  | A | 6 | C00148 | ANTI-ICE & RAIN ENG 1 & WING CONT |
  | A | 7 | C01001 | ANTI-ICE & RAIN ENG 1 COWL AI VALVE |
  | B | 6 | C00149 | ANTI-ICE & RAIN ENGINE 2 CONTROL |
  | B | 7 | C01002 | ANTI-ICE & RAIN ENG 2 COWL AI VALVE |

  5) Do the Repair Confirmation at the end of this task.

(g) If you do not find a problem with the wiring, then re-connect the connector DP1302 on the CTAI duct overpressure switch and continue.

(4) Replace the engine and wing anti-ice panel. These are the tasks:
  • Engine and Wing Anti-Ice Panel Removal, AMM TASK 30-11-41-000-801
  • Engine and Wing Anti-Ice Panel Installation, AMM TASK 30-11-41-400-801
  (a) Do the Repair Confirmation at the end of this task.

G. Repair Confirmation
  (1) If the COWL ANTI-ICE light is not on, then you corrected the fault.
  (2) If it is necessary, close the P5 panel.
  (3) If it is necessary, close the cowl panel on the engine. To close the panel, do this task: Close the Fan Cowl Panels, AMM TASK 71-11-02-410-801-F00.
  (4) Remove the safety tags and close these circuit breakers:

  CAPT Electrical System Panel, P18-2

  | Row | Col | Number | Name |
  | --- | --- | --- | --- |
  | B | 4 | C01003 | ENGINE 1 THRUST REVERSER IND |

  F/O Electrical System Panel, P6-2

  | Row | Col | Number | Name |
  | --- | --- | --- | --- |
  | C | 4 | C00154 | ENGINE 2 START VALVE |

  ———————— END OF TASK ————————

EFFECTIVITY
XIA ALL

**30-21 TASK 801**

(b)

图 7-14 故障隔离工卡示例

## 7.5 故障隔离手册的查询方法

### 7.5.1 已知故障代码查找故障隔离程序

如果已经知道故障代码,故障代码的第 1 位和第 2 位是故障隔离手册的系统章号,进入相应的章前面找到故障代码索引,在故障代码索引中找到故障代码,根据故障代码找到故障隔离程序代码,根据故障隔离程序代码进入故障隔离手册进行故障隔离工作。如果故障代码第 1 位是字母,说明它是客舱故障代码,在故障隔离手册的前面材料中找到客舱故障代码索引,根据客舱故障代码索引找到客舱故障代码,根据客舱故障代码找到客舱故障隔离程序代码,根据客舱故障隔离程序代码进入故障隔离手册进行客舱故障隔离工作。

【例 1】已知有一架 B737-800 机型飞机,飞行记录本记录该架飞机出现 A/P amber warning annunciator light on steady,故障代码是 221 010 00,请找到该故障的故障隔离程序。

(1)前 2 位数字为 22,即 22 章自动飞行系统;

(2)进入 22 章自动飞行系统的故障代码索引表,如图 7-15 所示。

(3)找到故障代码 221 010 00,对应的故障隔离程序为 22-11 TASK 801;

(4)进入 22 章找到 22-11 TASK 801,实施工作。

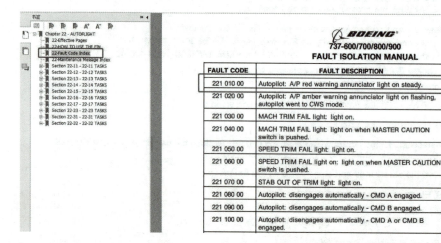

图 7-15  22 章自动飞行系统的故障代码索引表

【例 2】已知有一架 B737-800 机型飞机,飞行记录本记录该架飞机出现故障代码 C12 20- - -,请找到该故障的故障隔离程序。

(1)第 1 位为字母代表这是一个客舱故障;

(2)打开 FIM 手册前言的客舱故障代码清单,如图 7-16 所示;

(3)找到故障代码 C12 20- - -对应的故障隔离程序为 23-41 TASK 804;

(4)进入 23 章找到 23-41 TASK 804 实施工作。

图 7-16 客舱代码清单

## 7.5.2 根据可观察故障查询方法

如果已经知道监测故障描述,在故障隔离手册的前面材料中找到监测故障清单,在监测故障清单中找到监测故障描述信息,根据监测故障描述信息找到故障隔离程序代码,根据故障隔离程序代码进入故障隔离手册进行故障隔离工作。

【例】已知有一架 B737-800 机型飞机,机组发现机长的音频控制面板音量控制出现故障(Audio control panel volume control problem/captain's),请找出故障隔离程序。

(1)这是一个可观察故障,打开 FIM 手册前言的可观察故障清单;

(2)在可观察故障清单(系统顺序或字母顺序)里找到这个故障,如图 7-17 所示。

(3)找到此故障对应的故障隔离程序为 23-51 TASK 807;

(4)进入 23 章通信系统,找到 23-51 TASK 807,实施工作。

图 7-17 可观察故障清单

### 7.5.3 根据维护信息查询方法

如果已经知道维护信息，在故障隔离手册的每一章前面根据航线可更换件在维护信息索引中找到该维护信息，根据维护信息中的描述找到故障隔离程序代码，根据故障隔离程序代码进入故障隔离手册进行故障隔离工作。

**【例】**已知有一架 B737－800 机型飞机，飞行记录本记录该架飞机 EEC－1 出现 73－10011 Internal Eec Fault 故障信息。

(1)打开 FIM 手册任意章节，在维护信息索引表里找到 EEC－1 对应的章节为 73 章，缩写为 ENGINE－1，如图 7－18 所示。

(2)打开 73 章发动机燃油控制系统，在维护信息索引表里找到 ENGINE－1 的维护信息 73－10011 Internal Eec Fault，并找到对应的故障隔离程序为 73－21 TASK 801，如图 7－19 所示。

(3)进入 73 章，找到 73－21 TASK 801，实施工作。

Chapter 22 - AUTOFLIGHT
22-Effective Pages
22-HOW TO USE THE FIM
22-Fault Code Index
22-Maintenance Message Index
Section 22-11 - 22-11 TASKS
Section 22-12 - 22-12 TASKS
Section 22-13 - 22-13 TASKS
Section 22-14 - 22-14 TASKS
Section 22-15 - 22-15 TASKS
Section 22-16 - 22-16 TASKS
Section 22-17 - 22-17 TASKS
Section 22-23 - 22-23 TASKS
Section 22-31 - 22-31 TASKS
Section 22-32 - 22-32 TASKS

| | | |
|---|---|---|
| Cargo Electronic Unit - Main Aft | CEU - MAIN AFT | 26 |
| Cargo Electronic Unit - Main Forward | CEU - MAIN FWD | 26 |
| Common Display System | CDS | 31 |
| Compartment Overheat Detection Control Module | WING/BODY OHT | 26 |
| Digital Flight Control System | DFCS | 22 |
| Distance Measurement Equipment Interrogator | DME INTRROGTR | 34 |
| Electrical Meters, Battery, and Galley Power Module | P5-13 | 24 |
| Electronic Engine Controller - 1 | ENGINE - 1 | 73 |
| Electronic Engine Controller - 2 | ENGINE - 2 | 73 |
| Emergency Locator Transmitter | ELT | 23 |
| Engine Accessory Unit | ENG ACCY UNIT | 78 |
| Engine and Auxiliary Power Unit Fire Detection Control Module | ENG/APU FIRE | 26 |
| Flap/Slat Electronics Unit | FSEU | 27 |
| Flight Data Acquisition Unit | FDAU | 31 |
| Flight Management Computer System | FMCS | 34 |
| Fuel Quantity Indicating System | FQIS | 28 |
| Generator Control Unit - 1 | GCU - 1 | 24 |
| Generator Control Unit - 2 | GCU - 2 | 24 |
| Ground Proximity Computer | GROUND PROX | 34 |

EFFECTIVITY
XIA ALL

22-MAINT MSG INDEX

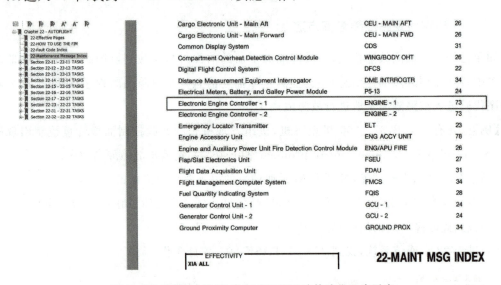

图 7－18 FIM 手册 22 章自动飞行系统故障代码索引表

Chapter 73 - ENGINE FUEL AND CONTROL CFM56 ENGIN
73-Effective Pages
73-HOW TO USE THE FIM
73-Fault Code Index
73-Maintenance Message Index
Section 73-00 - 73-00 TASKS
Section 73-05 - 73-05 TASKS
Section 73-06 - 73-06 TASKS
Section 73-07 - 73-07 TASKS
Section 73-11 - 73-11 TASKS
Section 73-21 - 73-21 TASKS
Section 73-22 - 73-22 TASKS
Section 73-23 - 73-23 TASKS
Section 73-24 - 73-24 TASKS
Section 73-25 - 73-25 TASKS
Section 73-26 - 73-26 TASKS
Section 73-27 - 73-27 TASKS
Section 73-28 - 73-28 TASKS
Section 73-31 - 73-31 TASKS

737-600/700/800/900
FAULT ISOLATION MANUAL

| LRU/SYSTEM | MAINTENANCE MESSAGE | GO TO FIM TASK |
|---|---|---|
| ENGINE - 1 | 73-10011 INTERNAL EEC FAULT | 73-21 TASK 801 |
| ENGINE - 1 | 73-10021 INTERNAL EEC FAULT | 73-21 TASK 801 |
| ENGINE - 1 | 73-10031 INTERNAL EEC FAULT | 73-21 TASK 801 |
| ENGINE - 1 | 73-10041 INTERNAL EEC FAULT | 73-21 TASK 801 |
| ENGINE - 1 | 73-10051 INTERNAL EEC FAULT | 73-21 TASK 801 |
| ENGINE - 1 | 73-10061 INTERNAL EEC FAULT | 73-21 TASK 801 |
| ENGINE - 1 | 73-10071 INTERNAL EEC FAULT | 73-21 TASK 801 |
| ENGINE - 1 | 73-10081 INTERNAL EEC FAULT | 73-21 TASK 801 |
| ENGINE - 1 | 73-10091 INTERNAL EEC FAULT | 73-21 TASK 801 |
| ENGINE - 1 | 73-10101 INTERNAL EEC FAULT | 73-21 TASK 807 |

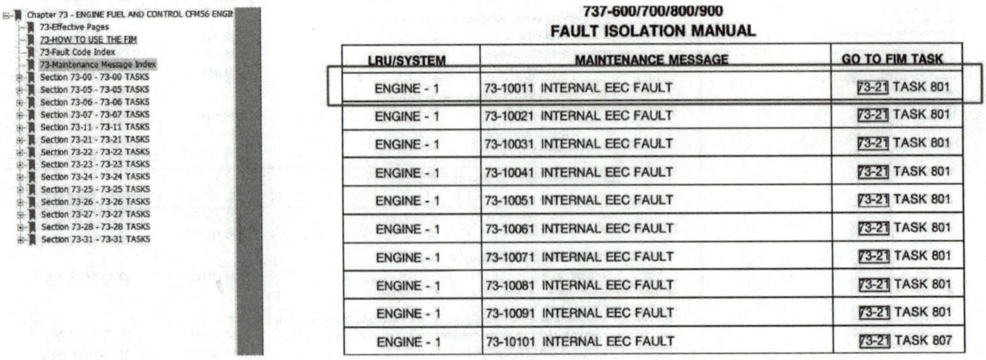

图 7－19 FIM 手册 73 章发动机燃油控制系统故障代码索引表

# 模块 8　手册综合查询工卡

| 工卡标题 Title | 手册综合查询任务1——正驾驶时钟不工作 | | | |
|---|---|---|---|---|
| 工卡编号 TC No. | | 版本 Revision | | |
| 机型 A/C Type | B737-600/700/800 | 飞机注册号 Reg. No. | B-5159 | |
| 区域 Zone | 飞机维修手册查询及CBT实训室 | 工时(学时) Working Hours | 4 | |
| 参考文件 Ref. | B737-600/700/800手册大全(AMM/IPC/SSM/WDM/FIM) | | | |
| 注意事项 Cautions | (1)课前按要求熟悉相关的专业英语词汇；<br>(2)课前了解ATA 100规范，熟悉ATA各章对应的内容；<br>(3)核实飞机有效性，选用正确的手册；<br>(4)课前熟悉不同页码段对应的维修内容 | | | |
| 编写 Edited By | | 审核 Examined By | | 批准 Approved By |
| 日期 Date | | 日期 Date | | 日期 Date |

| 工具/设备/材料 Tool/Equipment/Material | | | | | 工作者 Mechanic | 检查者 Inspector |
|---|---|---|---|---|---|---|
| 名称 | 规格 | 单位 | 数量 | | | |
| 计算机 | N/A | 台 | 1 | | | |
| 手册 | B737-600/700/800手册大全 | 套 | 1 | | | |
| 翻译软件 | 英文翻译软件，如有道翻译 | 个 | 1 | | | |
| 阅读器软件 | PDF阅读器，如Adobe Reader | 个 | 1 | | | |

续表

| 1. 工作任务<br>TASK | 工作者<br>Mechanic | 检查者<br>Inspector |
|---|---|---|
| 航后检查发现 B-5159 飞机记录本记录 Clock does not operate—captain's(正驾驶时钟不工作)的故障信息,故障代码为:312 020 31;要求在故障隔离手册找到故障隔离程序,在飞机维护手册中找到故障组件的拆装程序,在系统简图手册中找到该组件的系统简图,在线路图解手册中找到该组件的线路图解,在图解零部件目录中找到出现故障组件的件号 | | |
| 2. 工作准备<br>Preparation | 工作者<br>Mechanic | 检查者<br>Inspector |
| 1)准备好计算机及软件<br>　(1)能流畅运行办公软件的计算机 1 台;<br>　(2)计算机安装有英语翻译软件及 PDF 阅读器。<br>2)计算机备有本次任务相关的 B737-600/700/800 手册 | | |
| 3. 工作步骤<br>Procedure | 工作者<br>Mechanic | 检查者<br>Inspector |
| (1)打开手册文件,核实 B-5159 飞机有效性,并记下飞机的客户有效性代码为_____;批次号_____;<br>(2)根据故障代码:312 020 31,在 FIM 手册中找到故障隔离程序工卡:_____;故障的英文描述:_____;故障可能的原因有:_____;_____;_____;<br>(3)根据关键词在 AMM 手册中找到故障部件的拆装程序:_____;<br>　　故障部件拆卸任务号:_____;<br>　　故障部件安装任务号:_____;<br>　　故障部件"captain's"区域代码:_____;<br>　　故障部件维护实施前断开的跳开关信息:<br>　　F/O Electrical System Panel,P6-3<br><br>| Row | Col | Number | Name |<br>|---|---|---|---|<br>|  |  |  |  |<br>|  |  |  |  |<br><br>　　故障部件安装后测试时提供电源的工卡号:_____;<br>(4)在 SSM 手册中找到该故障组件的系统简图的章节号和页码:_____; | | |

续表

| | | |
|---|---|---|
| (5)在 WDM 手册中找到该故障组件的线路图的章节号和页码：_____<br>　　_____；<br>故障部件的设备号：_____；<br>故障部件的面板号：_____；<br>故障部件的名称：_____；<br>故障部件连接的电源汇流条名称、跳开关设备号和额定电流信息：<br><br>| 电源汇流<br>条名称 | 跳开关设<br>备号 | 跳开关额<br>定电流 | 跳开关<br>名称 |<br>|---|---|---|---|<br>| | | | |<br><br>跳开关面板电源输出插头设备号：_____；<br>跳开关面板电源输出插座设备号：_____；<br>插头的件号：_____；<br>跳开关面板电源输出插头 1 号钉连接的导线束号：_____；导线号：_____；导线的规格：_____；导线束件号：_____；导线的长度：_____；导线两端连接的电气设备号：_____和_____；<br>(6)在 IPC 手册中找到正驾驶时钟组件的件号：_____；<br>项目号：_____；<br>供应商代码：_____；<br>波音规范号：_____；<br>互换件件号(1 个)：_____； | | |
| 4.结束工作<br>Close Out | 工作者<br>Mechanic | 检查者<br>Inspector |
| (1)填写查询结果,保存工卡到指定文件夹,工卡的文件名为班级＋学号＋姓名；<br>(2)关闭所有手册页面和软件并关机；<br>(3)清扫现场 | | |
| End Of Task | | |

| 工卡标题 Title | 手册综合查询任务2——自动增压系统失效 | | | |
|---|---|---|---|---|
| 工卡编号 TC No. | | 版本 Revision | | |
| 机型 A/C Type | B737-600/700/800 | 飞机注册号 Reg. No. | B-5160 | |
| 区域 Zone | 飞机维修手册查询及CBT实训室 | 工时(学时) Working Hours | 4 | |
| 参考文件 Ref. | B737-600/700/800手册大全(AMM/IPC/SSM/WDM/FIM) | | | |
| 注意事项 Cautions | (1)课前按要求熟悉相关的专业英语词汇；<br>(2)课前了解ATA 100规范，熟悉ATA各章对应的内容；<br>(3)核实飞机有效性，选用正确的手册；<br>(4)课前熟悉不同页码段对应的维修内容 | | | |
| 编写 Edited By | | 审核 Examined By | | 批准 Approved By |
| 日期 Date | | 日期 Date | | 日期 Date |

| 工具/设备/材料 Tool/Equipment/Material | | | | 工作者 Mechanic | 检查者 Inspector |
|---|---|---|---|---|---|
| 名称 | 规格 | 单位 | 数量 | | |
| 计算机 | N/A | 台 | 1 | | |
| 手册 | B737-600/700/800手册大全 | 套 | 1 | | |
| 翻译软件 | 英文翻译软件,如有道翻译 | 个 | 1 | | |
| 阅读器软件 | PDF阅读器,如Adobe Reader | 个 | 1 | | |

| 1. 工作任务 Task | 工作者 Mechanic | 检查者 Inspector |
|---|---|---|
| 机组反应B-5160飞机1通道Auto Fail Light On(自动增压失效灯亮),对DCPC自检后维护信息为：Contrlr Lru Fail；要求在故障隔离手册找到故障隔离程序,在飞机维护手册中找到故障组件的拆装程序,在系统简图手册中找到该组件的系统简图,在线路图解手册中找到该组件的线路图解,在图解零部件目录中找到出现故障组件的件号 | | |

续表

| 2. 工作准备<br>Preparation | 工作者<br>Mechanic | 检查者<br>Inspector |
|---|---|---|
| 1)准备好计算机及软件<br>　(1)能流畅运行办公软件的计算机1台；<br>　(2)计算机安装有英语翻译软件及PDF阅读器。<br>2)计算机备有本次任务相关的B737－600/700/800手册 | | |

| 3. 工作步骤<br>Procedure | 工作者<br>Mechanic | 检查者<br>Inspector |
|---|---|---|
| (1)打开手册文件,核实B－5160飞机有效性,并记下飞机的客户有效性代码为＿＿＿＿；批次号＿＿＿＿；<br>(2)根据故障代码：Contrlr Lru Fail,在FIM手册中找到故障隔离程序<br>　工卡：＿＿＿＿；故障的英文描述：＿＿＿＿；故障可能的<br>　原因：＿＿＿＿；<br>(3)根据关键词在AMM手册中找到故障部件的拆装程序：＿＿＿＿<br>　＿＿＿＿；<br>　故障部件拆卸任务号：＿＿＿＿；<br>　故障部件安装任务号：＿＿＿＿；<br>　需要接近的面板代码：＿＿＿＿；<br>　名称：＿＿＿＿；<br>　故障部件维护实施前断开的跳开关信息：<br>　F/O Electrical System Panel，P6－4<br><br>| Row | Col | Number | Name |<br>\|---\|---\|---\|---\|<br>\| \| \| \| \|<br>\| \| \| \| \|<br><br>　故障部件安装后测试的工卡号：＿＿＿＿；<br>(4)在SSM手册中找到该故障组件的系统简图的章节号和页码：＿＿＿＿<br>　＿＿＿＿； | | |

续表

| | | |
|---|---|---|
| (5)在 WDM 手册中找到该故障组件的线路图的章节号和页码：_____<br>　　_____；<br>故障部件的设备号：_____；<br>故障部件的名称：_____；<br>故障部件所在设备架位置：_____；<br>故障部件上连接的电插头/座：_____；<br>故障部件上连接的电插头/座件号：_____；<br>与 D10738B 的 B1 号钉连接的导线束号：_____；<br>导线号：_____；<br>导线的规格：_____；导线束件号：_____；导线的长度：_____<br>　　_____；<br>导线两端连接的电气设备号：_____和_____。<br>(6)在 IPC 手册中找到1号客舱压力控制器组件的件号：_____；<br>项目号：_____；<br>供应商代码：_____；<br>波音规范号：_____；<br>互换件件号(1个)：_____ | | |
| 4.结束工作<br>Close Out | 工作者<br>Mechanic | 检查者<br>Inspector |
| (1)填写查询结果,保存工卡到指定文件夹,工卡的文件名为班级＋学号＋姓名；<br>(2)关闭所有手册页面和软件并关机；<br>(3)清扫现场 | | |
| End Of Task | | |

| 工卡标题<br>Title | 手册综合查询任务 3——1 号高频通信系统失效 | | | |
|---|---|---|---|---|
| 工卡编号<br>TC No. | | 版本<br>Revision | | |
| 机型<br>A/C Type | B737－600/700/800 | 飞机注册号<br>Reg. No. | B－5161 | |
| 区域<br>Zone | 飞机维修手册查询及 CBT 实训室 | 工时（学时）<br>Working Hours | 4 | |
| 参考文件<br>Ref. | B737－600/700/800 手册大全(AMM/IPC/SSM/WDM/FIM) | | | |
| 注意事项<br>Cautions | (1)课前按要求熟悉相关的专业英语词汇；<br>(2)课前了解 ATA 100 规范，熟悉 ATA 各章对应的内容；<br>(3)核实飞机有效性，选用正确的手册；<br>(4)课前熟悉不同页码段对应的维修内容 | | | |
| 编写<br>Edited By | | 审核<br>Examined By | | 批准<br>Approved By |
| 日期<br>Date | | 日期<br>Date | | 日期<br>Date |

| 工具/设备/材料 Tool/Equipment/Material | | | | 工作者<br>Mechanic | 检查者<br>Inspector |
|---|---|---|---|---|---|
| 名称 | 规格 | 单位 | 数量 | | |
| 计算机 | N/A | 台 | 1 | | |
| 手册 | B737－600/700/800 手册大全 | 套 | 1 | | |
| 翻译软件 | 英文翻译软件，如有道翻译 | 个 | 1 | | |
| 阅读器软件 | PDF 阅读器，如 Adobe Reader | 个 | 1 | | |

| 1. 工作任务<br>Task | 工作者<br>Mechanic | 检查者<br>Inspector |
|---|---|---|
| 机组反应 B－5161 飞机 1 号高频通信系统失效，对 HF 收发机自检后维护信息为：Lru Fail；要求在故障隔离手册找到故障隔离程序，在飞机维护手册中找到故障组件的拆装程序，在系统简图手册中找到该组件的系统简图，在线路图解手册中找到该组件的线路图解，在图解零部件目录中找到出现故障组件的件号 | | |

续表

| 2. 工作准备<br>Preparation | 工作者<br>Mechanic | 检查者<br>Inspector |
|---|---|---|
| 1)准备好计算机及软件<br>　（1）能流畅运行办公软件的计算机 1 台；<br>　（2）计算机安装有英语翻译软件及 PDF 阅读器。<br>2)计算机备有本次任务相关的 B737－600/700/800 手册 | | |

| 3. 工作步骤<br>Procedure | 工作者<br>Mechanic | 检查者<br>Inspector |
|---|---|---|
| (1)打开手册文件,核实 B－5161 飞机有效性,并记下飞机的客户有效性代码为＿＿＿＿；批次号＿＿＿＿；<br>(2)根据故障代码：Lru Fail,在 FIM 手册中找到故障隔离程序工卡：＿＿＿＿；故障的英文描述：＿＿＿＿；故障可能的原因：＿＿＿＿；<br>(3)根据关键词在 AMM 手册中找到故障部件的拆装程序：＿＿＿＿；<br>　故障部件拆卸任务号：＿＿＿＿；<br>　故障部件安装任务号：＿＿＿＿；<br>　需要接近的面板代码：＿＿＿＿,名称：＿＿＿＿；<br>　故障部件维护实施前断开的跳开关信息：<br>　CAPT Electrical System Panel P18－2<br><br>| Row | Col | Number | Name |<br>\|---\|---\|---\|---\|<br>\|   \|   \|   \|   \|<br>\|   \|   \|   \|   \|<br><br>(4)在 SSM 手册中找到该故障组件的系统简图的章节号和页码：＿＿＿＿；<br>(5)在 WDM 手册中找到该故障组件的线路图的章节号和页码：＿＿＿＿；<br>　故障部件的设备号：＿＿＿＿；<br>　故障部件的名称：＿＿＿＿；<br>　故障部件所在设备架位置：＿＿＿＿； | | |

| | | | |
|---|---|---|---|
| 故障部件连接的电源汇流条名称、跳开关设备号和额定电流信息：<br><br>| 电源汇流条名称 | 跳开关设备号 | 跳开关额定电流 | 跳开关名称 |<br>|---|---|---|---|<br>| | | | |<br><br>跳开关面板电源输出插头设备号：＿＿＿＿＿；<br>跳开关面板电源输出插头号：＿＿＿＿＿；<br>插头的件号：＿＿＿＿＿；<br>跳开关面板电源输出插头18号钉连接的导线束号：＿＿＿＿＿；<br>导线号：＿＿＿＿＿；<br>导线的规格：＿＿＿＿＿；<br>导线束件号：＿＿＿＿＿；<br>导线的长度：＿＿＿＿＿；<br>导线两端连接的电气设备号：＿＿＿＿＿和＿＿＿＿＿；<br>(6)在IPC手册中找到1号高频收发机的件号：＿＿＿＿＿；<br>项目号：＿＿＿＿＿；<br>供应商代码：＿＿＿＿＿；<br>参考部件维修手册工卡号：＿＿＿＿＿；<br>互换件件号(1个)：＿＿＿＿＿ | | | |
| 4.结束工作<br>Close Out | | 工作者<br>Mechanic | 检查者<br>Inspector |
| (1)填写查询结果,保存工卡到指定文件夹,工卡的文件名为班级＋学号＋姓名；<br>(2)关闭所有手册页面和软件并关机；<br>(3)清扫现场 | | | |
| End Of Task | | | |

| 工卡标题<br>Title | 手册综合查询任务4——失速警告系统失效 | | | |
|---|---|---|---|---|
| 工卡编号<br>TC No. | | 版本<br>Revision | | |
| 机型<br>A/C Type | B737-600/700/800 | 飞机注册号<br>Reg. No. | B-5162 | |
| 区域<br>Zone | 飞机维修手册查询及CBT实训室 | 工时(学时)<br>Working Hours | 4 | |
| 参考文件<br>Ref. | B737-600/700/800手册大全(AMM/IPC/SSM/WDM/FIM) | | | |
| 注意事项<br>Cautions | (1)课前按要求熟悉相关的专业英语词汇；<br>(2)课前了解ATA 100规范,熟悉ATA各章对应的内容；<br>(3)核实飞机有效性,选用正确的手册；<br>(4)课前熟悉不同页码段对应的维修内容 | | | |
| 编写<br>Edited By | | 审核<br>Examined By | | 批准<br>Approved By |
| 日期<br>Date | | 日期<br>Date | | 日期<br>Date |

| 工具/设备/材料 Tool/Equipment/Material | | | | 工作者<br>Mechanic | 检查者<br>Inspector |
|---|---|---|---|---|---|
| 名称 | 规格 | 单位 | 数量 | | |
| 计算机 | N/A | 台 | 1 | | |
| 手册 | B737-600/700/800手册大全 | 套 | 1 | | |
| 翻译软件 | 英文翻译软件,如有道翻译 | 个 | 1 | | |
| 阅读器软件 | PDF阅读器,如Adobe Reader | 个 | 1 | | |

| 1. 工作任务<br>Task | 工作者<br>Mechanic | 检查者<br>Inspector |
|---|---|---|
| 航后检查发现B-5162飞机失速警告系统失效,机务人员对1号失速偏航阻尼计算机自检后发现故障代码为:27-31000;要求在故障隔离手册中找到故障隔离程序,在飞机维护手册中找到故障组件的拆装程序,在系统简图手册中找到该组件的系统简图,在线路图解手册中找到该组件的线路图解,在图解零部件目录中找到出现故障组件的件号 | | |

续表

| 2.工作准备<br>Preparation | 工作者<br>Mechanic | 检查者<br>Inspector |
|---|---|---|
| 1)准备好计算机及软件<br>　(1)能流畅运行办公软件的计算机 1 台；<br>　(2)计算机安装有英语翻译软件及 PDF 阅读器。<br>2)计算机备有本次任务相关的 B737－600/700/800 手册 | | |
| 3.工作步骤<br>Procedure | 工作者<br>Mechanic | 检查者<br>Inspector |
| (1)打开手册文件,核实 B-5162 飞机有效性,并记下飞机的客户有效性代码为＿＿＿＿；批次号＿＿＿＿；<br>(2)根据故障代码：27-31000,在 FIM 手册中找到故障隔离程序工卡：＿＿＿＿；故障的英文描述：＿＿＿＿；故障可能的原因：＿＿＿＿。<br>(3)根据关键词在 AMM 手册中找到故障部件的拆装程序：＿＿＿＿；<br>　故障部件拆卸任务号：＿＿＿＿；<br>　故障部件安装任务号：＿＿＿＿；<br>　故障部件所在区域代码：＿＿＿＿；<br>　故障部件维护实施前断开的跳开关信息：<br>CAPT Electrical System Panel，P18-1<br><br>| Row | Col | Number | Name |<br>|---|---|---|---|<br>|  |  |  |  |<br>|  |  |  |  |<br>|  |  |  |  |<br><br>CAPT Electrical System Panel，P18-2<br><br>| Row | Col | Number | Name |<br>|---|---|---|---|<br>|  |  |  |  |<br>|  |  |  |  |<br>|  |  |  |  | | | |

续表

| F/O Electrical System Panel, P6-2 | | | | | |
|---|---|---|---|---|---|
| Row | Col | Number | Name | | |
|  |  |  |  | | |
|  |  |  |  | | |
|  |  |  |  | | |

拆除故障件的注意事项：_____；_____

_____；

(4) 在 SSM 手册中找到该故障组件关于供电的系统简图的章节号和页码：_____；

(5) 在 WDM 手册中找到该故障组件的线路图的章节号和页码：_____；

故障部件的设备号：_____；

故障部件所在设备架名称：_____；

故障部件的名称：_____；

故障部件上连接的电插头有哪些：_____；

插头的件号：_____；

与电插头 D3683B 的 99 号钉连接的导线束号：_____；

导线号：_____；

导线类型：_____；

导线的规格：_____；

导线束件号：_____；

导线的长度：_____；

导线两端连接的电气设备号：_____ 和 _____；

(6) 在 IPC 手册中找到故障件的件号：_____；IPC 手册中的章节号：_____；项目号：_____；供应商代码：_____；参考的 CMM 手册章节号：_____。

| 4. 结束工作<br>Close Out | 工作者<br>Mechanic | 检查者<br>Inspector |
|---|---|---|
| (1) 填写查询结果，保存工卡到指定文件夹，工卡的文件名为班级＋学号＋姓名；<br>(2) 关闭所有手册页面和软件并关机；<br>(3) 清扫现场 | | |
| End Of Task | | |

## 模块 8　手册综合查询工卡

| 工卡标题<br>Title | 手册综合查询任务 5——风挡加热过热灯亮 | | | |
|---|---|---|---|---|
| 工卡编号<br>TC No. | | 版本<br>Revision | | |
| 机型<br>A/C Type | B737-600/700/800 | 飞机注册号<br>Reg. No. | B-5301 | |
| 区域<br>Zone | 飞机维修手册查询及 CBT 实训室 | 工时（学时）<br>Working Hours | 4 | |
| 参考文件<br>Ref. | B737-600/700/800 手册大全(AMM/IPC/SSM/WDM/FIM) | | | |
| 注意事项<br>Cautions | (1)课前按要求熟悉相关的专业英语词汇；<br>(2)课前了解 ATA 100 规范，熟悉 ATA 各章对应的内容；<br>(3)核实飞机有效性，选用正确的手册；<br>(4)课前熟悉不同页码段对应的维修内容 | | | |
| 编写<br>Edited By | | 审核<br>Examined By | 批准<br>Approved By | |
| 日期<br>Date | | 日期<br>Date | 日期<br>Date | |

| 工具/设备/材料 Tool/Equipment/Material | | | | 工作者<br>Mechanic | 检查者<br>Inspector |
|---|---|---|---|---|---|
| 名称 | 规格 | 单位 | 数量 | | |
| 计算机 | N/A | 台 | 1 | | |
| 手册 | B737-600/700/800 手册大全 | 套 | 1 | | |
| 翻译软件 | 英文翻译软件，如有道翻译 | 个 | 1 | | |
| 阅读器软件 | PDF 阅读器，如 Adobe Reader | 个 | 1 | | |

| 1. 工作任务<br>Task | 工作者<br>Mechanic | 检查者<br>Inspector |
|---|---|---|
| 航后检查发现 B-5301 飞机左侧(Left Side)风挡加热过热灯亮，机务人员对 WHCU 自检后发现维护信息为：WHCU-LRU；要求在故障隔离手册找到故障隔离程序，在飞机维护手册中找到故障组件的拆装程序，在系统简图手册中找到该组件的系统简图，在线路图解手册中找到该组件的线路图解，在图解零部件目录中找到出现故障组件的件号 | | |

续表

| 2. 工作准备<br>Preparation | 工作者<br>Mechanic | 检查者<br>Inspector |
|---|---|---|
| 1)准备好计算机及软件<br>　(1)能流畅运行办公软件的计算机 1 台；<br>　(2)计算机安装有英语翻译软件及 PDF 阅读器。<br>2)计算机备有本次任务相关的 B737－600/700/800 手册 | | |
| 3. 工作步骤<br>Procedure | 工作者<br>Mechanic | 检查者<br>Inspector |
| (1)打开手册文件，核实 B-5301 飞机有效性，并记下飞机的客户有效性代码为_____；批次号_____；<br>(2)根据 WHCH 自检维护信息：WHCU－LRU，在 FIM 手册中找到故障隔离程序工卡：_____；故障的英文描述：_____；故障可能的原因：_____；<br>(3)根据关键词在 AMM 手册中找到故障部件的拆装程序：_____。<br>故障部件拆卸任务号：_____；<br>故障部件安装任务号：_____；<br>故障部件所在区域代码：_____；<br>故障部件维护实施前断开的跳开关信息：<br>CAPT Electrical System Panel，P18－3<br><br>| Row | Col | Number | Name |<br>\|---\|---\|---\|---\|<br>\| \| \| \| \|<br>\| \| \| \| \|<br>\| \| \| \| \|<br><br>F/O Electrical System Panel，P6－12<br><br>| Row | Col | Number | Name |<br>\|---\|---\|---\|---\|<br>\| \| \| \| \|<br>\| \| \| \| \|<br>\| \| \| \| \| | | |

续表

| 更换故障件后需要做的测试：<br>_____<br>_____<br>(4) 在 SSM 手册中找到该故障组件的系统简图的章节号和页码：<br>　　_____；<br>(5) 在 WDM 手册中找到该故障组件的线路图的章节号和页码：<br>　　故障部件的设备号：_____；<br>　　故障部件所在设备架名称：_____；<br>　　故障部件的名称：_____；<br>　　故障部件上连接的电插头：_____；<br>　　插头的件号：_____；<br>　　与电插头 D1046B 的 7 号钉连接的导线束号：_____；<br>　　导线号：_____；<br>　　导线类型：_____；<br>　　导线的规格：_____；<br>　　导线束件号：_____；<br>　　导线的长度：_____；<br>　　导线接地类型：_____；<br>(6) 在 IPC 手册中找到故障件的件号：_____；<br>　　IPC 手册中的章节号：_____；<br>　　项目号：_____；<br>　　供应商代码：_____；<br>　　参考的 CMM 手册章节号：_____；<br>　　该故障件的波音规范号：_____； | | |
|---|---|---|
| 4. 结束工作<br>Close Out | 工作者<br>Mechanic | 检查者<br>Inspector |
| (1) 填写查询结果，保存工卡到指定文件夹，工卡的文件名为班级＋学号＋姓名；<br>(2) 关闭所有手册页面和软件并关机；<br>(3) 清扫现场 | | |
| End Of Task | | |

| 工卡标题<br>Title | 手册综合查询任务6——1号DEU故障 | | | |
|---|---|---|---|---|
| 工卡编号<br>TC No. | | 版本<br>Revision | | |
| 机型<br>A/C Type | B737-600/700/800 | 飞机注册号<br>Reg. No. | B-5302 | |
| 区域<br>Zone | 飞机维修手册查询及CBT实训室 | 工时（学时）<br>Working Hours | 4 | |
| 参考文件<br>Ref. | B737-600/700/800手册大全（AMM/IPC/SSM/WDM/FIM） | | | |
| 注意事项<br>Cautions | (1)课前按要求熟悉相关的专业英语词汇；<br>(2)课前了解ATA 100规范,熟悉ATA各章对应的内容；<br>(3)核实飞机有效性,选用正确的手册；<br>(4)课前熟悉不同页码段对应的维修内容 | | | |
| 编写<br>Edited By | | 审核<br>Examined By | 批准<br>Approved By | |
| 日期<br>Date | | 日期<br>Date | 日期<br>Date | |

| 工具/设备/材料 Tool/Equipment/Material | | | | 工作者<br>Mechanic | 检查者<br>Inspector |
|---|---|---|---|---|---|
| 名称 | 规格 | 单位 | 数量 | | |
| 计算机 | N/A | 台 | 1 | | |
| 手册 | B737-600/700/800手册大全 | 套 | 1 | | |
| 翻译软件 | 英文翻译软件,如有道翻译 | 个 | 1 | | |
| 阅读器软件 | PDF阅读器,如Adobe Reader | 个 | 1 | | |
| 1. 工作任务<br>Task | | | | 工作者<br>Mechanic | 检查者<br>Inspector |
| 航后检查发现B-5302飞机1号DEU故障,机务人员对CDS自检后发现故障代码为:31-60011;要求在故障隔离手册找到故障隔离程序,在飞机维护手册中找到故障组件的拆装程序,在系统简图手册中找到该组件的系统简图,在线路图解手册中找到该组件的线路图解,在图解零部件目录中找到出现故障组件的件号 | | | | | |

续表

| 2. 工作准备<br>Preparation | 工作者<br>Mechanic | 检查者<br>Inspector |
|---|---|---|
| 1) 准备好计算机及软件<br>（1）能流畅运行办公软件的计算机 1 台；<br>（2）计算机安装有英语翻译软件及 PDF 阅读器。<br>2) 计算机备有本次任务相关的 B737－600/700/800 手册 | | |

| 3. 工作步骤<br>Procedure | 工作者<br>Mechanic | 检查者<br>Inspector |
|---|---|---|
| （1）打开手册文件，核实 B－5302 飞机有效性，并记下飞机的客户有效性代码为_____；批次号：_____； <br>（2）根据 CDS 自检维护信息：31－60011，在 FIM 手册中找到故障隔离程序工卡：_____；故障的英文描述：_____；故障可能的原因：_____； <br>（3）根据关键词在 AMM 手册中找到故障部件的拆装程序：_____； <br>故障部件拆卸任务号：_____； <br>故障部件安装任务号：_____； <br>故障部件所在接近面板的区域代码：_____； <br>故障部件维护实施前断开的跳开关信息： <br>CAPT Electrical System Panel，P18－2 <br><br>| Row | Col | Number | Name |<br>|---|---|---|---|<br>| | | | |<br>| | | | |<br><br>F/O Electrical System Panel，P6－1 <br><br>| Row | Col | Number | Name |<br>|---|---|---|---|<br>| | | | |<br>| | | | |<br>| | | | |<br>| | | | |<br><br>更换故障件后需要做的测试： | | |

续表

| | | |
|---|---|---|
| (4) 在 SSM 手册中找到该故障组件电子系统接口的系统简图的章节号和页码：_____； <br> (5) 在 WDM 手册中找到该故障组件电源分配和仪表灯光的线路图的章节号和页码：_____； <br> 故障部件的设备号：_____； <br> 故障部件所在设备架名称：_____； <br> 故障部件的名称：_____； <br> 故障部件上连接的电插头：_____； <br> 插头的件号：_____； <br> 与电插头 D3937C 的 2 号钉连接的导线束号：_____； <br> 导线号：_____； <br> 导线类型：_____； <br> 导线的规格：_____； <br> 导线束件号：_____； <br> 导线的长度：_____； <br> 导线另一端的设备号：_____； <br> (6) 在 IPC 手册中找到故障件的件号：_____； <br> 在 IPC 手册中的章节号：_____； <br> 项目号：_____； <br> 供应商代码：_____； <br> 供应商信息：_____； <br> 参考的 CMM 手册章节号：_____； <br> 该故障件的波音规范号：_____； <br> 功能描述：_____ <br> _____ | | |
| 4. 结束工作 <br> Close Out | 工作者 <br> Mechanic | 检查者 <br> Inspector |
| (1) 填写查询结果，保存工卡到指定文件夹，工卡的文件名为班级＋学号＋姓名； <br> (2) 关闭所有手册页面和软件并关机； <br> (3) 清扫现场 | | |
| End Of Task | | |

# 模块 8　手册综合查询工卡

| 工卡标题 Title | 手册综合查询任务 7——自动刹车失效 | | | |
|---|---|---|---|---|
| 工卡编号 TC No. | | 版本 Revision | | |
| 机型 A/C Type | B737-600/700/800 | 飞机注册号 Reg. No. | B-5305 | |
| 区域 Zone | 飞机维修手册查询及 CBT 实训室 | 工时（学时） Working Hours | 4 | |
| 参考文件 Ref. | B737-600/700/800 手册大全（AMM/IPC/SSM/WDM/FIM） | | | |
| 注意事项 Cautions | (1)课前按要求熟悉相关的专业英语词汇；<br>(2)课前了解 ATA 100 规范，熟悉 ATA 各章对应的内容；<br>(3)核实飞机有效性，选用正确的手册；<br>(4)课前熟悉不同页码段对应的维修内容 | | | |
| 编写 Edited By | | 审核 Examined By | | 批准 Approved By |
| 日期 Date | | 日期 Date | | 日期 Date |

| 工具/设备/材料 Tool/Equipment/Material | | | | 工作者 Mechanic | 检查者 Inspector |
|---|---|---|---|---|---|
| 名称 | 规格 | 单位 | 数量 | | |
| 计算机 | N/A | 台 | 1 | | |
| 手册 | B737-600/700/800 手册大全 | 套 | 1 | | |
| 翻译软件 | 英文翻译软件，如有道翻译 | 个 | 1 | | |
| 阅读器软件 | PDF 阅读器，如 Adobe Reader | 个 | 1 | | |

| 1. 工作任务 Task | 工作者 Mechanic | 检查者 Inspector |
|---|---|---|
| 航后检查发现 B-5305 飞机自动刹车解除灯亮，机务人员对 AACU 自检后发现故障维护信息为 A/B SYS；要求在故障隔离手册找到故障隔离程序，在飞机维护手册中找到故障组件的拆装程序，在系统简图手册中找到该组件的系统简图，在线路图解手册中找到该组件的线路图解，在图解零部件目录中找到出现故障组件的件号 | | |

续表

| 2.工作准备<br>Preparation | 工作者<br>Mechanic | 检查者<br>Inspector |
|---|---|---|
| 1)准备好计算机及软件<br>　(1)能流畅运行办公软件的计算机 1 台；<br>　(2)计算机安装有英语翻译软件及 PDF 阅读器。<br>2)计算机备有本次任务相关的 B737－600/700/800 手册 | | |
| 3.工作步骤<br>Procedure | 工作者<br>Mechanic | 检查者<br>Inspector |
| (1)打开手册文件，核实 B－5305 飞机有效性，并记下飞机的客户有效性代码为＿＿＿＿；批次号：＿＿＿＿；<br>(2)根据 AACU 自检维护信息：A/B SYS,在 FIM 手册中找到故障隔离程序工卡：＿＿＿＿；故障可能的原因：＿＿＿＿；其中最可能的故障件为：＿＿＿＿；<br>(3)根据关键词在 AMM 手册中找到最可能故障部件的拆装程序：＿＿＿＿；<br>故障部件拆卸任务号：＿＿＿＿；<br>故障部件安装任务号：＿＿＿＿；<br>故障部件所在接近面板的区域代码：＿＿＿＿；<br>故障部件维护实施前断开的跳开关信息：<br>F/O Electrical System Panel，P6－3<br><br>   ｜ Row ｜ Col ｜ Number ｜ Name ｜<br>   ｜ ｜ ｜ ｜ ｜<br>   ｜ ｜ ｜ ｜ ｜<br>   ｜ ｜ ｜ ｜ ｜<br><br>更换故障件后需要做的测试的名称和工卡号：<br>＿＿＿＿＿＿＿＿＿＿＿＿＿＿＿＿＿＿＿＿＿＿；<br>(4)在 SSM 手册中找到该故障组件的系统简图的章节号和页码：＿＿＿＿＿＿； | | |

续表

| | | | |
|---|---|---|---|
| (5)在 WDM 手册中找到该故障组件的线路图的章节号和页码：_____<br>　　_____；<br>　　故障部件的设备号：_____；<br>　　故障部件所在设备架的名称：_____；<br>　　故障部件的名称：_____；<br>　　故障部件上连接的电插头：_____；<br>　　插头的件号：_____；<br>　　与电插头 D1040A 的 D7 号钉连接的导线束号：_____；<br>　　导线号：_____；<br>　　导线类型：_____；<br>　　导线的规格：_____；<br>　　导线束件号：_____；<br>　　导线的长度：_____；<br>　　导线另一端的设备号：_____；<br>　　导线另一端的设备的件号：_____；<br>(6)在 IPC 手册中找到故障件的件号(1个)：_____；<br>　　在 IPC 手册中的章节号：_____；<br>　　项目号：_____；<br>　　供应商代码：_____；<br>　　供应商信息：_____；<br>　　安装数量：_____；<br>　　参考的 CMM 手册章节号：_____；<br>　　该故障件的波音规范号：_____；<br>　　功能描述：_____<br>　　_____ | | | |
| 4.结束工作<br>Close Out | | 工作者<br>Mechanic | 检查者<br>Inspector |
| (1)填写查询结果,保存工卡到指定文件夹,工卡的文件名为班级＋学<br>　　号＋姓名；<br>(2)关闭所有手册页面和软件并关机；<br>(3)清扫现场 | | | |
| End Of Task | | | |

| 工卡标题 Title | 手册综合查询任务8——TCAS失效 | | | |
|---|---|---|---|---|
| 工卡编号 TC No. | | 版本 Revision | | |
| 机型 A/C Type | B737-600/700/800 | 飞机注册号 Reg. No. | B-5303 | |
| 区域 Zone | 飞机维修手册查询及CBT实训室 | 工时(学时) Working Hours | 4 | |
| 参考文件 Ref. | B737-600/700/800手册大全(AMM/IPC/SSM/WDM/FIM) | | | |
| 注意事项 Cautions | (1)课前按要求熟悉相关的专业英语词汇；<br>(2)课前了解ATA 100规范，熟悉ATA各章对应的内容；<br>(3)核实飞机有效性，选用正确的手册；<br>(5)课前熟悉不同页码段对应的维修内容 | | | |
| 编写 Edited By | | 审核 Examined By | | 批准 Approved By |
| 日期 Date | | 日期 Date | | 日期 Date |

| 工具/设备/材料 Tool/Equipment/Material | | | | 工作者 Mechanic | 检查者 Inspector |
|---|---|---|---|---|---|
| 名称 | 规格 | 单位 | 数量 | | |
| 计算机 | N/A | 台 | 1 | | |
| 手册 | B737-600/700/800手册大全 | 套 | 1 | | |
| 翻译软件 | 英文翻译软件,如有道翻译 | 个 | 1 | | |
| 阅读器软件 | PDF阅读器,如Adobe Reader | 个 | 1 | | |

| 1. 工作任务 Task | 工作者 Mechanic | 检查者 Inspector |
|---|---|---|
| 航后检查发现B-5303飞机TCAS显示故障,机务人员对TCAS自检后发现故障维护信息为TTR FAIL；要求在故障隔离手册找到故障隔离程序,在飞机维修手册中找到故障组件的拆装程序,在系统简图手册中找到该组件的系统简图,在线路图解手册中找到该组件的线路图解,在图解零部件目录中找到出现故障组件的件号 | | |

续表

| 2.工作准备<br>Preparation | | 工作者<br>Mechanic | 检查者<br>Inspector |
|---|---|---|---|
| 1)准备好计算机及软件<br>　(1)能流畅运行办公软件的计算机 1 台；<br>　(2)计算机安装有英语翻译软件及 PDF 阅读器。<br>2)计算机备有本次任务相关的 B737－600/700/800 手册 | | | |
| 3.工作步骤<br>Procedure | | 工作者<br>Mechanic | 检查者<br>Inspector |
| (1)打开手册文件,核实 B-5303 飞机有效性,并记下飞机的客户有效性代码为_____；批次号：_____；<br>(2)根据 TCAS 自检维护信息：TTR FAIL,在 FIM 手册中找到故障隔离程序工卡：_____；故障的英文描述：_____；故障可能的原因：_____；<br>(3)根据关键词在 AMM 手册中找到最可能故障部件的拆装程序：_____。<br>　故障部件拆卸任务号：_____；<br>　故障部件安装任务号：_____；<br>　故障部件所在接近面板的区域代码：_____；<br>　故障部件维护实施前断开的跳开关信息：<br>　CAPT Electrical System Panel，P18-1<br><br>　\| Row \| Col \| Number \| Name \|<br>　\|---\|---\|---\|---\|<br>　\|  \|  \|  \|  \|<br>　\|  \|  \|  \|  \|<br><br>　测试通过后需要听到的信息：<br>　_____<br>(4)在 SSM 手册中找到该故障组件电子系统控制和显示的系统简图的章节号和页码：_____；<br>(5)在 WDM 手册中找到该故障组件电源和显示的线路图的章节号和页码：_____；<br>　故障部件的设备号：_____；<br>　故障部件所在设备架名称：_____；<br>　故障部件的名称：_____； | | | |

续表

| | 工作者<br>Mechanic | 检查者<br>Inspector |
|---|---|---|
| 从该页图上可以看到故障部件上连接的电插头有：_____<br>____；<br>插头的件号：_____；<br>与电插头 D2743E 的 E13 号钉连接的导线束号：_____；<br>导线号：_____；<br>导线类型：_____；<br>导线的规格：_____；<br>导线束件号：_____；<br>导线的长度：_____；<br>导线另一端的设备号：_____；<br>导线另一端的设备的件号：_____；<br>(6)在 IPC 手册中找到故障件的件号：_____；<br>　　在 IPC 手册中的章节号：_____；<br>　　项目号：_____；<br>　　供应商代码：_____；<br>　　供应商信息：_____；<br>　　安装数量：_____；<br>　　功能描述：_____<br>　　_____ | | |
| 4.结束工作<br>Close Out | 工作者<br>Mechanic | 检查者<br>Inspector |
| (1)填写查询结果，保存工卡到指定文件夹，工卡的文件名为班级＋学号＋姓名；<br>(2)关闭所有手册页面和软件并关机；<br>(3)清扫现场 | | |
| End Of Task | | |

| 工卡标题<br>Title | 手册综合查询任务 9——变压整流组件灯亮 | | | |
|---|---|---|---|---|
| 工卡编号<br>TC No. | | 版本<br>Revision | | |
| 机型<br>A/C Type | B737-600/700/800 | 飞机注册号<br>Reg. No. | B-5307 | |
| 区域<br>Zone | 飞机维修手册查询及 CBT 实训室 | 工时(学时)<br>Working Hours | 4 | |
| 参考文件<br>Ref. | B737-600/700/800 手册大全(AMM/IPC/SSM/WDM/FIM) | | | |
| 注意事项<br>Cautions | (1)课前按要求熟悉相关的专业英语词汇；<br>(2)课前了解 ATA 100 规范,熟悉 ATA 各章对应的内容；<br>(3)核实飞机有效性,选用正确的手册；<br>(4)课前熟悉不同页码段对应的维修内容 | | | |
| 编写<br>Edited By | | 审核<br>Examined By | 批准<br>Approved By | |
| 日期<br>Date | | 日期<br>Date | 日期<br>Date | |

| 工具/设备/材料 Tool/Equipment/Material | | | | 工作者<br>Mechanic | 检查者<br>Inspector |
|---|---|---|---|---|---|
| 名称 | 规格 | 单位 | 数量 | | |
| 计算机 | N/A | 台 | 1 | | |
| 手册 | B737-600/700/800 手册大全 | 套 | 1 | | |
| 翻译软件 | 英文翻译软件,如有道翻译 | 个 | 1 | | |
| 阅读器软件 | PDF 阅读器,如 Adobe Reader | 个 | 1 | | |
| 1. 工作任务<br>Task | | | | 工作者<br>Mechanic | 检查者<br>Inspector |
| 航后检查发现 B-5307 飞机变压整流组件灯亮；要求在故障隔离手册找到故障隔离程序,在飞机维护手册中找到故障组件的拆装程序,在系统简图手册中找到该组件的系统简图,在线路图解手册中找到该组件的线路图解,在图解零部件目录中找到出现故障组件的件号 | | | | | |
| 2. 工作准备<br>Preparation | | | | 工作者<br>Mechanic | 检查者<br>Inspector |

续表

| | | 工作者<br>Mechanic | 检查者<br>Inspector |
|---|---|---|---|
| 1)准备好计算机及软件<br>　(1)能流畅运行办公软件的计算机1台；<br>　(2)计算机安装有英语翻译软件及PDF阅读器。<br>2)计算机备有本次任务相关的B737-600/700/800手册 | | | |
| 3.工作步骤<br>Procedure | | 工作者<br>Mechanic | 检查者<br>Inspector |
| (1)打开手册文件，核实B-5307飞机有效性，并记下飞机的客户有效性代码为_____；批次号：_____；<br>(2)根据故障现象：TR UNIT 灯亮，在FIM手册中找到故障隔离程序工卡：_____；<br>　导致该故障最可能的故障件是：_____；<br>(3)根据关键词在AMM手册中找到最可能故障部件的拆装程序：_____；<br>故障部件拆卸任务号：_____；<br>故障部件安装任务号：_____；<br>故障部件所在接近面板的区域代码：_____；<br>故障部件维护实施前断开的跳开关信息：<br>Power Distribution Panel Number 1 P91<br><br>| Row | Col | Number | Name |<br>\|---\|---\|---\|---\|<br>\| | | | |<br>\| | | | |<br><br>故障部件安装后测试的AMTOSS子任务号：<br>_____<br>(4)在SSM手册中找到该故障组件的系统简图的章节号和页码：_____；_____；<br>(5)在WDM手册中找到该故障组件的线路图的章节号和页码：_____；_____；<br>故障部件的设备号：_____；<br>故障部件所在设备架名称：_____；<br>故障部件的名称：_____；<br>故障部件上连接的电插头：_____；<br>插头的件号：_____； | | | |

续表

| | | | |
|---|---|---|---|
| 与该电插头的 4 号钉连接的导线束号：_____；<br>导线号：_____；<br>导线类型：_____；<br>导线的规格：_____；<br>导线束件号：_____；<br>导线的长度：_____；<br>导线接地类型：_____；<br>(6)在 IPC 手册中找到故障件的件号：_____；<br>　　在 IPC 手册中的章节号：_____；<br>　　项目号：_____；<br>　　供应商代码：_____；<br>　　供应商信息：_____；<br>　　波音规范号：_____；<br>　　安装数量：_____；<br>　　参考的 CMM 手册章节号：_____；<br>　　功能描述：_____ | | | |
| 4.结束工作<br>Close Out | | 工作者<br>Mechanic | 检查者<br>Inspector |
| (1)填写查询结果，保存工卡到指定文件夹，工卡的文件名为班级＋学号＋姓名；<br>(2)关闭所有手册页面和软件并关机；<br>(3)清扫现场 | | | |
| End Of Task | | | |